T0224910

Energieeffiziente elektrische Antriebe

Johannes Teigelkötter

Energieeffiziente elektrische Antriebe

Grundlagen, Leistungselektronik, Betriebsverhalten und Regelung von Drehstrommotoren

Mit 139 Abbildungen und 4 Tabellen

Prof. Dr.-Ing. Johannes Teigelkötter
Hochschule Aschaffenburg
Deutschland

ISBN 978-3-8348-1938-3   ISBN 978-3-8348-2330-4 (eBook)
DOI 10.1007/978-3-8348-2330-4

Die Deutsche Nationalbibliothek verzeichnet diese Publikation in der Deutschen Nationalbibliografie; de-
taillierte bibliografische Daten sind im Internet über http://dnb.d-nb.de abrufbar.

Springer Vieweg
© Vieweg+Teubner Verlag | Springer Fachmedien Wiesbaden 2013

Einbandentwurf: KünkelLopka GmbH, Heidelberg

Gedruckt auf säurefreiem und chlorfrei gebleichtem Papier

Springer Vieweg ist eine Marke von Springer DE.
Springer DE ist Teil der Fachverlagsgruppe Springer Science+Business Media
www.springer-vieweg.de

Vorwort

In Industrieländern werden ca. 2/3 der erzeugten elektrischen Energie für die elektrische Antriebstechnik verwendet. Daher ist hier die Steigerung der Energieeffizienz eine wichtige Aufgabe für Ingenieure. Um die Energieeffizienz von elektrischen Antrieben zu steigern, ist der gesamte Antriebsstrang von der Energiequelle über den Stromrichter und Motor bis hin zum Antriebsprozess zu optimieren. Mögliche Maßnahmen zur Steigerung der Energieeffizienz sind in verschiedenen Studien analysiert worden [1, 2]. Die Optimierung des Wirkungsgrads von einzelnen Komponenten im Antriebsstrang bringt häufig nur eine geringe Energieeinsparung. Der Energieverbrauch kann beträchtlich durch eine ganzheitliche Systemoptimierung gesenkt werden. Beispielsweise ermöglichen hochdynamische elektrische Antriebe in Werkzeugmaschinen kürzere Bearbeitungszeiten bei besserer Bearbeitungsqualität im Vergleich zu konventionellen Lösungen. Das Einsparpotenzial bei einer Systemoptimierung kann bis zu 60 % betragen.

Um elektrische Antriebe als Gesamtsystem zu optimieren, sind interdisziplinäre Kenntnisse und Fähigkeiten auf den Gebieten der Mechanik, elektrischer Maschinen, Leistungselektronik, Regelungstechnik und Messtechnik notwendig. In diesem Buch werden zunächst einige wichtige Grundlagen und Begriffe aus diesen Bereichen erläutert. Danach werden Methoden der modernen Antriebstechnik gelehrt. Die mathematische Beschreibung erfolgt mit Raumzeigern, um den Einstieg in die weiterführende Literatur zu erleichtern. Die Lehrinhalte werden in jedem Kapitel mit Übungsaufgaben vertieft.

Neben den Inhalten der Vorlesungen Antriebstechnik, Elektrische Maschinen und Leistungselektronik an der Hochschule Aschaffenburg wurden auch grundlegende Ergebnisse aus verschiedenen Industrieprojekten in diesem Buch berücksichtig. Für die gute Zusammenarbeit insbesondere bei diesen Projekten möchte ich Dipl.-Ing. (FH) Frank Nöthling, Dipl.-Ing. (FH) Rüdiger Mann, Michael Reis und M. Eng. Dipl.-Ing. (FH) Thomas Kowalski danken.

Damit das Konzept dieses Buches weiterentwickelt werden kann, würde ich mich über Rückmeldungen freuen.

Aschaffenburg,   Johannes Teigelkötter
den 30. August 2012   *johannes.teigelkoetter@h-ab.de*

Inhaltsverzeichnis

Symbol- und Abkürzungsverzeichnis

Abkürzungen

ASM   Asynchronmaschine
DSR   Direkte Selbstregelung
GFT   Grundfrequenztaktung
IE   International Efficiency
IGBT   Insulated Gate Bipolar Transistor
IPMSM   Interior Permanent Magnet Synchronous Motor
ISR   Indirekte Statorgrößen Regelung
MOSFET   Metal-Oxide-Semiconductor Field-Effect Transistor
NdFeB   Neodym Eisen Bor (Material für Permanentmagnete)
PSM   Permanenterregte Synchronmaschine
PWM   Pulsweitenmodulation
PWR   Pulswechselrichter
Si   Sinusmodulation
SMS   Sinusmodulation mit Symmetrierung
SPMSM   Surface-mounted Permanent Magnet Synchronous Motor

Symbolverzeichnis

a Drehoperator $a = e^{j120°}$ $[a] = 1$
A Fläche $[A] = \mathrm{m}^2$
A Strombelag $[A] = \frac{\mathrm{A}}{\mathrm{m}}$
a Beschleunigung $[a] = \frac{\mathrm{m}}{\mathrm{s}^2}$
B Flussdichte $[B] = \frac{\mathrm{Vs}}{\mathrm{m}^2}$
C Kapazität $[C] = \mathrm{F}$
D Durchmesser $[D] = \mathrm{m}$

e Spannung $[e]$ = V

E Gleichspannung $[E]$ = V

F Kraft $[F]$ = N

g Erdbeschleunigung $g = 9{,}81\frac{\text{m}}{\text{s}^2}$

G Übertragungsfunktion $[G]$ = 1

H mag. Feldstärke $[H]$ = $\frac{\text{A}}{\text{m}}$

i Strom $[i]$ = A

J Massenträgheit $[J]$ = kg m^2

k Komparatorausgang $[k]$ = 1

l Länge $[l]$ = m

L Induktivität $[L]$ = H

m Masse $[m]$ = kg

m Modulationsfunktion $[m]$ = 1

m Anzahl der Stränge $[m]$ = 1

M Drehmoment $[M]$ = N m

n Drehzahl $[n]$ = $\frac{1}{\text{min}}$

p Augenblicksleistung $[p]$ = W

p Polpaarzahl $[p]$ = 1

P Wirkleistung $[P]$ = W

q Augenblicksblindleistung $[q]$ = var

Q Blindleistung $[Q]$ = var

R ohmscher Widerstand $[R]$ = Ω

r differentieller Widerstand $[r]$ = Ω

R Radius $[R]$ = m

R_m mag. Widerstand $[R_m]$ = $\frac{\text{A}}{\text{V s}}$

s Position, Strecke $[s]$ = m

s Laplace-Variable $[s]$ = $\frac{1}{\text{s}}$

s Schlupf $[s]$ = 1

S Stromdichte $[S]$ = $\frac{\text{A}}{\text{m}^2}$

S Steuersignal $[S]$ = 1

t Zeit $[t]$ = s

T Periodendauer, Zeitkonstante $[T]$ = s

$ü$ Getriebeübersetzung $[ü]$ = 1

v Geschwindigkeit $[v]$ = $\frac{\text{m}}{\text{s}}$

V mag. Spannung $[V]$ = A

w Windungszahl $[w]$ = 1

W Energie $[W]$ = Ws

Z Impedanz $[Z]$ = Ω

α Winkelbeschleunigung $[\alpha]$ = $\frac{1}{\text{s}^2}$

γ Rotorwinkellage $[\gamma]$ = rad

δ Luftspaltdicke $[\delta]$ = mm

ϵ Energieeffizienz $[\epsilon]$ = 1

η Wirkungsgrad $[\eta] = 1$

Θ Durchflutung $[\Theta] = A$

ϑ Polradwinkel oder Flusswinkel $[\vartheta] = \text{rad}$

μ Permeabilität $[\mu] = \frac{V\,s}{A\,m}$

μ_0 Permeabilität des Vakuums $\mu_0 = 4\pi 10^{-7}\frac{V\,s}{A\,m}$

ν Strang a, b oder c $[\nu] = 1$

τ Zeitkonstante $[\tau] = s$

τ_P Polteilung $[\tau_P] = m$

ϕ magnetischer Fluss $[\phi] = V\,s$

φ Phasenverschiebungswinkel $[\varphi] = \text{rad}$

ψ verketteter Fluss $[\psi] = V\,s$

ω elektrische Kreisfrequenz $[\omega] = \frac{1}{s}$

Ω mechanische Kreisfrequenz $[\Omega] = \frac{1}{s}$

Hochstellungen

$*$ Konjugiert komplex

K im x, y-Koordinatensystem

S im ständerfesten Koordinatensystem

R im rotorfesten Koordinatensystem

Tiefstellungen

A Antrieb

a, b, c zur Unterscheidung der drei Stränge

B Beschleunigung

d, q d, q-Koordinaten

d Zwischenkreisgröße

D Diode

dc Gleichgröße

Fe Größe im Eisen

i ideale oder innere Größe

K Kipppunkt

L Größe im Luftspalt

m Größe im Magneten

P Periode

T Transistor

S Synchron

S Ständergröße

r Rotorgröße
α, β α, β-Koordinate
μ Magnetisierung
σ Streuung
$\parallel$ parallel
$\perp$ transversal

Überschreibungen

- $\bullet$ Ableitung nach der Zeit
- $\hat{\ }$ Scheitelwert, Amplitude
- $\hat{\ }$ maximal möglicher Wert
- $\rightarrow$ Vektor
- $\sim$ stationär

Unterschreibungen

- $\rightarrow$ Raumzeiger
- $\sim$ Größe mit Nullsystem
- $-$ Effektivwertzeiger

Einführung 1

Elektrische Antriebssysteme sind Einrichtungen zur elektromechanischen Energieumwandlung. Der Leistungsbereich elektrischer Antriebssysteme erstreckt sich von einigen Milliwatt bis zu mehreren hundert Megawatt in einer Einheit. Trotz dieses weiten Leistungsbereichs besitzen in vielen Fällen drehzahlvariable Antriebe die in Abb. 1.1 dargestellte Grundstruktur. In der elektrischen Maschine wird die elektrische Energie in mechanische Energie umgewandelt. Die Arbeitsmaschine ist entweder direkt oder über ein Getriebe an die elektrische Maschine gekoppelt. Die antriebsnahe Regelung stellt über den Stromrichter die elektrischen Größen an den Klemmen der Maschine so ein, dass sich der gewünschte Arbeitspunkt einstellt. Ein Stromrichter formt mithilfe von elektronischen Bauelementen den elektrischen Strom aus der Energiequelle, z. B. aus einem Wechselspannungsnetz oder einer Batterie, so um, dass sich der gewünschte Arbeitspunkt in der elektrischen Maschine einstellt.

Liefert die elektrische Maschine mechanische Energie an die Arbeitsmaschine, dann arbeitet die elektrischen Maschine als Motor.

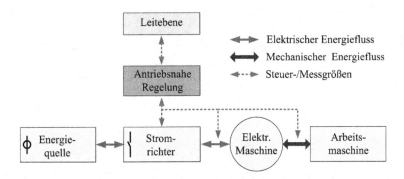

Abb. 1.1 Grundstruktur eines drehzahlvariablen Antriebssystems

J. Teigelkötter, *Energieeffiziente elektrische Antriebe*, DOI 10.1007/978-3-8348-2330-4_1,
© Vieweg+Teubner Verlag | Springer Fachmedien Wiesbaden 2013

Treibt die Arbeitsmaschine die elektrische Maschine an, dann wird elektrische Energie erzeugt und die elektrische Maschine arbeitet als Generator. Die elektrische Energie wird dann über den Stromrichter in das Netz oder in die Batterie gespeist.

Die Einsatzgebiete von elektrischen Antrieben sind vielfältig, einige wichtige Applikationen sind:

- **Produktionsanlagen** mit kontinuierlicher Verarbeitung des Materials, wie z. B. Druckmaschinen, Papiermaschinen oder Walzwerke.
- Bei **Werkzeugmaschinen** oder bei **Handhabungsgeräten** soll das Werkzeug oder das Werkstück auf einer mehrdimensionalen Bahn geführt werden. Dazu wird die Position über elektrische Antriebe geregelt. Typische Anwendungsbeispiele sind hier Roboter oder Fräsmaschinen.
- Elektrische **Traktionsantriebe** für Bahnen und Straßenfahrzeuge zeichnen sich durch eine kompakte Bauweise und hohe Zuverlässigkeit in einer rauen Umgebung aus.
- Bei der **Erzeugung** von elektrischer Energie werden elektrische Antriebe sowohl in konventionellen Kraftwerken, als auch in der regenerativen Stromerzeugung eingesetzt.

Grundlagen elektromechanischer Energiewandler 2

Um die Funktionsweise elektrischer Antriebssysteme zu verstehen, sind spezielle Kenntnisse aus den Bereichen der Mechanik und Elektrotechnik notwendig. In diesem Abschnitt werden die notwendigen Grundlagen in konzentrierter Form zusammengestellt und für die elektrische Antriebstechnik aufbereitet. Dabei wird vorausgesetzt, dass die grundlegenden physikalischen Größen und Zusammenhänge bereits bekannt sind. Eine grundlegende Einführung in die Mechanik ist beispielsweise in [5] zu finden. Die Grundlagen der Elektrotechnik sind z. B. in [4] ausgeführt.

2.1 Mechanische Grundlagen

Eine elektrische Maschine tauscht mechanische Energie mit einer angekoppelten Arbeitsmaschine aus. Damit die Arbeitsmaschine die Anforderungen des Arbeitsprozesses erfüllt, müssen vorgegebene mechanische Größen, wie z. B. Drehmoment- und Drehzahlwerte realisiert werden. Die möglichen Arbeitspunkte in einem Antriebssystem können bei rotierenden Antrieben übersichtlich in der Drehzahl-Drehmoment-Ebene oder bei linearen Antrieben in der Kraft-Geschwindigkeits-Ebene entsprechend Abb. 2.1 dargestellt werden.

Bei motorischem Betrieb gibt die elektrische Maschine mechanische Energie an die Arbeitsmaschine ab, dann befindet sich der Arbeitspunkt im ersten oder im dritten Betriebsquadranten. Bei umgekehrtem Energiefluss arbeitet die elektrische Maschine als Generator, dabei liegen die Arbeitspunkte im zweiten und vierten Quadranten. Ein Antriebssystem wird nach der Anzahl der beherrschten Betriebsquadranten bezeichnet. Für Lüfter- oder Pumpantriebe ist ein Ein-Quardrantantrieb ausreichend, da diese Arbeitsmaschinen nur angetrieben werden müssen. Traktionsantriebe, die Fahrzeuge in eine Richtung beschleunigen und abbremsen, müssen zwei Betriebsquadranten beherrschen. Sollen Fahrzeuge vorwärts und rückwärts fahren sowie beim Bremsen die kinetische Energie der bewegten

J. Teigelkötter, *Energieeffiziente elektrische Antriebe*, DOI 10.1007/978-3-8348-2330-4_2,
© Vieweg+Teubner Verlag | Springer Fachmedien Wiesbaden 2013

Abb. 2.1 Betriebsquadranten eines Antriebs

Tab. 2.1 Größen bei Bewegungsvorgängen

	Translation	Rotation

Bewegungsgleichung	$F_B = F_A - F_W = ma$ mit $a = \dot{v} = \ddot{s}$	$M_B = M_A - M_W = J\alpha$ mit $\alpha = \dot{\omega} = \ddot{\varphi}$
Antriebsleistung	$P_A = F_A \cdot v$	$P_A = M_A \cdot \omega$
Kinetische Energie	$W_T = \frac{1}{2}mv^2$	$W_R = \frac{1}{2}J\omega^2$

Massen zurückgewinnen, sind Antriebe erforderlich, die in allen vier Quadranten arbeiten können. Die Rückgewinnung der Bremsenergie wird als Rekuperation bezeichnet.

Häufig erfordern Arbeitsprozesse einen definierten zeitlichen Verlauf der mechanischen Größen. Mit Kenntnis der geforderten mechanischen Größen an der Arbeitsmaschine, können die Anforderungen an die mechanischen Übertragungselemente sowie an die elektrische Maschine bestimmt werden. Um die Geschwindigkeit eines Körpers zu ändern, sind Beschleunigungskräfte notwendig. Mithilfe der Gleichung $\vec{F}_B = m \cdot \vec{a}$ können Bewegungsvorgänge analysiert und die zur Auslegung notwendigen Antriebskräfte berechnet werden. Für die Spezialfälle der translatorischen und der rotatorischen Bewegung kann die Analyse von Bewegungsvorgängen mit skalaren Größen erfolgen. Die dazu notwendigen Gleichungen sind in der Tab. 2.1 zusammengestellt.

2.1.1 Energieeffiziente Bewegungssteuerung

Bewegungsabläufe können mit geregelten elektrischen Maschinen nach unterschiedlichen Kriterien optimiert werden. Dabei müssen aber die systemeigenen Begrenzungen, wie Maximaldrehzahl, Strombegrenzung und die Begrenzung des Rucks berücksichtigt werden.

Periodische Bewegungsabläufe können über das Verhältnis der in der Periodendauer T_S abgegebenen Energie W_{ab} zur zugeführten Energie W_{zu} charakterisiert werden. Diese

Kenngröße wird Energieeffizienz ϵ genannt.

$$\epsilon = \frac{W_{ab}}{W_{zu}} = \frac{\int_{T_S} p_{ab}(t)\,dt}{\int_{T_S} p_{zu}(t)\,dt} \tag{2.1}$$

Im Gegensatz zum Wirkungsgrad $\eta = P_{ab}/P_{zu}$, der einen stationären Arbeitspunkt beschreibt, kennzeichnet die Energieeffizienz ϵ die energetische Gesamtbilanz eines periodischen Bewegungsablaufes. Die Energieeffizienz ist dabei von den unterschiedlichen Arbeitspunkten, die in einem Zyklus angefahren werden, abhängig.

Anhand einer transversalen Bewegung soll der Einfluss unterschiedlicher Bewegungsprofile auf die Energieeffizienz dargestellt werden.

Ein so genannter zeitoptimaler Verlauf für eine transversale Bewegung ist in Abb. 2.2a dargestellt. Hier soll bei begrenzter Beschleunigung a_0 innerhalb der Zeit T_S die neue Position erreicht werden. In der ersten Hälfte wird mit a_0 beschleunigt und in der zweiten Hälfte mit $-a_0$ verzögert. Dadurch verläuft die Geschwindigkeit $v(t)$ dreiecksförmig. Entsprechend ist die Position $s(t)$ eine Funktion von t^2. Bei elektrischen Maschinen sind häufig die ohmschen Verluste ($p = i^2 \cdot R$) dominierend. Weiterhin ist der Strom in erster Näherung proportional zu der vom Motor entwickelten Kraft ($F \sim i$) bzw. zum Drehmoment ($M \sim i$). Damit kann die Verlustenergie W_V, die bei einem Positionierungsvorgang anfällt, berechnet werden:

$$W_V = k \int_0^{T_S} i^2 dt \sim \int_0^{T_S} F(t)^2 dt \sim \int_0^{T_S} a(t)^2 dt \tag{2.2}$$

Bei einfachen translatorischen Beschleunigungsvorgängen ohne Gegenkraft ist die Motorkraft – entsprechend der Bewegungsgleichung – proportional zur Beschleunigung. Somit sind die Verluste des Motors für einen Positionierungsvorgang proportional zum Effektivwert der Beschleunigung.

$$W_{Va} \sim a_{eff}^2 = a_0^2 \tag{2.3}$$

Bei einem energieeffizienten Bewegungsablauf werden die Größen entsprechenden Abb. 2.2b geführt. Um bei diesem Bewegungsvorgang die gleiche Positionsänderung in der Zeit T_S wie bei der zeitoptimalen Steuerung zu erreichen, muss die Anfangsbeschleunigung um den Faktor 1,5 vergrößert werden. Die Verluste der energieoptimierten Bewegung bezogen auf die Verluste bei der zeitoptimierten Bewegung ergeben:

$$\frac{W_{Vb}}{W_{Va}} \sim \frac{a_{effb}^2}{a_{effa}^2} = \frac{(1.5\,a_0/\sqrt{3})^2}{a_0^2} = 0,75 \tag{2.4}$$

Die Verlustberechnung zeigt den Einfluss des Bewegungsprofils auf die Verluste im Antrieb. Die Berechnung in diesem Beispiel zeigt eine Verlusteinsparung von 25 % auf. Um den Bewegungsvorgang energieoptimal gestalten zu können, muss allerdings der Spitzenwert der Beschleunigung und damit der Spitzenstrom im Motor angehoben werden.

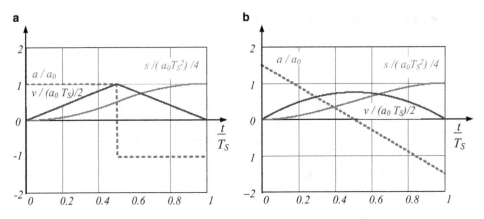

Abb. 2.2 Zeitverläufe bei **a** zeitoptimaler und **b** energieeffizienter Bewegungssteuerung

2.1.2 Getriebe im Antriebsstrang

Drehfeldmaschinen besitzen bei Netzspeisung mit 50 Hz je nach Polpaarzahl Drehzahlen zwischen 750 min^{-1} und 3000 min^{-1}. Für viele Antriebsaufgaben werden aber wesentlich geringere Drehzahlen im Bereich von 15 min^{-1} bis 400 min^{-1} benötigt. In diesen Anwendungen können schnelllaufende Motoren mit nachgeschalteten Getrieben zur Drehzahlanpassung eingesetzt werden. Vorteilhaft können auch Getriebemotoren verwendet werden, bei denen Motor und Getriebe eine kompakte Baueinheit bilden. Je nach mechanischen Einbaubedingungen und Einsatzgebiet werden unterschiedliche Getriebearten eingesetzt. Grundsätzlich wird zwischen Stirnrad-, Kegelrad- und Schneckengetriebe unterschieden. Im Getriebe entstehen Verluste durch die Verzahnung, die Lagerreibung und durch Planschverluste. Beispielsweise kann für ein einstufiges Stirnradgetriebe ein Wirkungsgrad von ca. 98 % angesetzt werden. Mit Schneckengetrieben können große Übersetzungen von maximal 50 : 1 erreicht werden, diese besitzen aber relativ hohe Verluste.

Die Kraftübertragung zwischen Motor und Arbeitsmaschine kann auch über Riemen oder Ketten erfolgen. Hierbei ist der Wirkungsgrad der Kraftübertragung besonders stark vom Wartungszustand abhängig.

Das Prinzip einer Drehzahlanpassung von Motor und Arbeitsmaschine über ein Getriebe ist in Abb. 2.3a dargestellt. Das Drehmoment des Motors wird über zwei Zahnräder an die Arbeitsmaschine übertragen. Am Eingriffspunkt erfolgt die Kraftübertragung zwischen den beiden Zahnrädern. Dabei muss die Umfangsgeschwindigkeit v beider Zahnräder gleich groß sein.

$$v = \omega_M \cdot R_M = \omega_A \cdot R_A \Rightarrow \ddot{u} = \frac{\omega_M}{\omega_A} = \frac{R_A}{R_M} \tag{2.5}$$

Die Winkelgeschwindikeit des Motors ω_M und die Winkelgeschwindigkeit der Arbeitsmaschine ω_A stehen in einem festen Übersetzungsverhältnis $\ddot{u}$, welches über die Radien

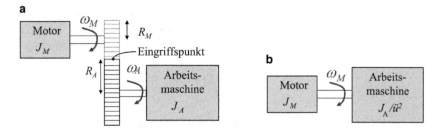

Abb. 2.3 Getriebe im Antriebsstrang **a** mit verteilten Massenträgheitsmomenten **b** mit umgerechnetem Massenträgheitsmoment

(R_A, R_M) der Zahnräder bestimmt ist. Am Eingriffspunkt der Zahnräder müssen sich Kraft und Gegenkraft gegenseitig aufheben. Werden die Kräfte durch die zugehörigen Drehmomente und durch entsprechende Radien beschrieben, kann das Verhältnis der Drehmomente angegeben werden:

$$\frac{M_M}{R_M} = \frac{M_A}{R_A} \Rightarrow \frac{1}{\ddot{u}} = \frac{M_M}{M_A} = \frac{R_M}{R_A} \tag{2.6}$$

Auch hier wird das Verhältnis der Drehmomente über das Übersetzungsverhältnis des Getriebes vorgegeben. Zum gleichen Ergebnis führt die Anwendung des Energieerhaltungssatzes. Da hier das Getriebe als verlustfrei betrachtet wird, ist die zugeführte Motorleistung $P_M = \omega_M \cdot M_M$ gleich der von der Arbeitsmaschine aufgenommenen Leistung $P_A = \omega_A \cdot M_A$. Wird dabei noch das Übersetzungsverhältnis $\ddot{u} = \omega_M/\omega_A$ berücksichtigt, bestätigt sich Gl. 2.6.

Die Trägheitsmomente der Antriebselemente, die mit unterschiedlichen Drehzahlen rotieren, können auf eine Welle des Antriebsstranges umgerechnet werden. Greift ein Beschleunigungsmoment an der Arbeitsmaschine an, so führt dies zu einer Drehzahländerung:

$$M_B = J_A \frac{d\omega_A}{dt} \tag{2.7}$$

Werden Drehzahl und Drehmoment entsprechend den Gleichungen 2.5 und 2.6 auf die Motorwelle umgerechnet, so ergibt sich die Bewegungsgleichung mit motorseitigen Größen:

$$M_B^* = \frac{1}{\ddot{u}} M_B = \frac{1}{\ddot{u}} J_A \frac{d\omega_A}{dt} = \frac{1}{\ddot{u}} J_A \frac{d\omega_M/\ddot{u}}{dt} = \frac{1}{\ddot{u}^2} J_A \frac{d\omega_M}{dt} \tag{2.8}$$

Wie diese Gleichung zeigt, wirkt das Massenträgheitsmoment J_A der Arbeitsmaschine auf der Motorseite entsprechend $J_A/\ddot{u}^2$. Damit kann für den gesamten Antriebsstrang eine einfache Ersatzanordnung entsprechend Abb. 2.3b angegeben werden.

Um bei Antrieben kurze Positionierzeiten zu erreichen, sind hohe Beschleunigungswerte notwendig. Damit die erforderlichen Beschleunigungswerte an der Arbeitsmaschine bei minimalen Motormomenten erreicht werden können, muss das Übersetzungsverhältnis $\ddot{u}$ des Getriebes optimiert werden. Das optimierte Übersetzungsverhältnis berechnet sich aus den Massenträgheitsmomenten der Arbeitsmaschine J_A und des Motors J_M:

$$\ddot{u}_{opt} = \sqrt{\frac{J_A}{J_M}} \tag{2.9}$$

Mit dieser Getriebeübersetzung $\ddot{u}_{opt}$ ergibt sich das minimale Beschleunigungsmoment, welches der Motor liefern muss, um die vorgegebene Beschleunigung $d\omega_A/dt$ an der Arbeitsmaschine zu reichen.

$$M_{B_{opt}} = 2 J_M \ddot{u}_{opt} \frac{d\omega_A}{dt} \tag{2.10}$$

Bei der Wahl des Übersetzungsverhältnisses können diese theoretischen Überlegungen meist nur eingeschränkt umgesetzt werden. Da in der praktischen Anwendung weitere Betriebsbedingungen, wie z. B. die maximal erreichbare Drehzahl, bei der Wahl der Getriebeübersetzung zu berücksichtigen sind.

2.1.3 Stationäre Kennlinien von Arbeitsmaschinen

Um die Komponenten in einem Antriebsstrang auslegen zu können, sind die Leistungs- und die Drehmomentanforderungen der Arbeitsmaschine unbedingt erforderlich. Obwohl elektrische Antriebe vielfältige Arbeitsmaschinen antreiben, können deren stationäre Eigenschaften häufig mit einer der vier Kennlinien aus der Abb. 2.4 beschrieben werden. In der praktischen Anwendung werden diese Kennlinien nicht so idealisiert auftreten, sondern es sind weitere Effekte, wie z. B. Losbrechmomente und Beschleunigungsmomente, zu beachten.

a) Konstante Antriebsleistung: Bei diesen Antrieben ist die erforderliche Antriebsleistung unabhängig von der Drehzahl. Aus $P = 2\pi \cdot n \cdot M$ kann das Drehmoment der Arbeitsmaschine berechnet werden. Das erforderliche Drehmoment ist umgekehrt proportional zur Drehzahl $M \sim 1/n$. Arbeitsmaschinen mit konstanter Leistung sind z. B. Aufwickelmaschinen, die mit konstanter Bahngeschwindigkeit v und konstanter Zugkraft F arbeiten, oder Drehmaschinen mit konstantem Spanquerschnitt.

b) Konstantes Drehmoment: Bei Fördermaschinen oder Hebezeugen wird das Drehmoment $M = R \cdot F$ von der Gewichtskraft $F = m \cdot g$ bestimmt. Wenn der Hebelarm R konstant ist, benötigen diese Arbeitsmaschinen ein von der Drehzahl unabhängiges Moment. Entsprechend $P = 2\pi \cdot n \cdot M$ steigt die erforderliche Leistung linear mit der Drehzahl an ($P \sim n$).

c) Linear ansteigendes Drehmoment: Wenn das Lastmoment linear mit der Drehzahl zunimmt ($M \sim n$), so steigt die Leistung quadratisch mit der Drehzahl an ($P \sim n^2$). Dieses Verhalten weisen Arbeitsmaschinen mit geschwindigkeitsproportionaler Reibarbeit auf. Diese so genannte viskose Reibung tritt auf, wenn ein Körper durch ein zähes

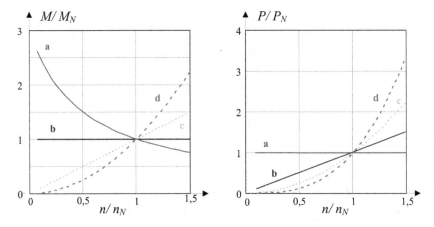

Abb. 2.4 Typische Drehmoment- und Leistungskennlinien von Arbeitsmaschinen

Medium bewegt wird. Diese Reibkräfte sind besonders bei Papier- und Textilmaschinen sowie Kalander zu berücksichtigen.

d) Quadratisch ansteigendes Drehmoment: Lüfter, Gebläse, Kreiselpumpen sowie Fahrantrieben, bei denen Strömungswiderstände zu überwinden sind, weisen eine quadratische Abhängigkeit des Drehmoments von der Drehzahl auf $(M \sim n^2)$. Deshalb wächst bei diesen Arbeitsmaschinen der Leistungsbedarf kubisch mit der Drehzahl an $(P \sim n^3)$.

Zusammenfassung

Die mechanischen Größen bilden die Grundlagen für die Dimensionierung eines Antriebes. Die Arbeitspunkte eines Antriebes können anschaulich in der Drehmoment-Drehzahl-Ebene dargestellt werden. Die Bewegungssteuerung durch einen Antrieb kann nach unterschiedlichen Kriterien optimiert werden. Bei einer energieeffizienten Bewegungssteuerung können ca. 25 % der Verluste gegenüber einer zeitoptimalen Bewegungssteuerung vermieden werden.

2.1.4 Übungsaufgaben

Übung 2.1

Berechnen Sie den Verlauf der Geschwindigkeit $v(t)$ und der Strecke $s(t)$ bei zeit- und energieoptimaler Bewegungssteuerung entsprechend der Abb. 2.2.

Übung 2.2

Leiten Sie die Gl. 2.9 ab. Diese Gleichung berechnet das optimale Übersetzungsverhältnis eines Getriebes, um mit einem möglichst geringen Motormoment eine vorgegebene
Beschleunigung der Arbeitsmaschine zu erreichen.

Übung 2.3

Von einem Spindelantrieb sind folgende Daten gegeben:
Motor: $n_{max} = 1500\,\text{min}^{-1}$, $J_M = 21\,\text{kg cm}^2$, $M_{max} = 24\,\text{N m}$
Spindel: $h = 5\,\text{mm}$ (Spindelsteigung) $J_{Sp} = 0,007\,\text{kg m}^2$;
Lasttisch: $m_L = 150\,\text{kg}$
Berechnen Sie die maximale Verfahrgeschwindigkeit v_{max} des Lasttisches. Wie lange
dauert ein Beschleunigungsvorgang, um aus dem Stillstand die maximale Geschwin-
digkeit v_{max} zu erreichen?

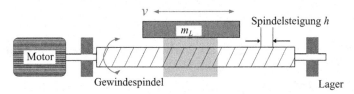

2.2 Drehstromtechnik

Die Drehstromtechnik ist für die Erzeugung, den Transport und die Verteilung elektrischer Energie von großer Bedeutung. Denn mit Hilfe der Drehstromtechnik können Generatoren, Energieverteilungsnetze, Transformatoren und Motoren mit geringem Aufwand
realisiert werden. In diesem Abschnitt werden die Grundlagen zur Berechnung von Drehstromschaltungen zusammengestellt und erläutert.

2.2.1 Komplexe Wechselstromrechnung

Um die Arbeitsweise eines elektrischen Systems in der Energietechnik beurteilen zu kön-
nen, müssen die Bezugsrichtungen für den Strom $i(t)$ und der Spannung $u(t)$ an den
Klemmen festgelegt werden. Diese Festlegungen sind willkürlich, dabei wird zwischen zwei
Varianten unterschieden.

Das Verbraucherzählpfeilsystem ist in Abb. 2.5a dargestellt. Hierbei zeigen die Zähl-
pfeile in die gleiche Richtung. Der Strom wird positiv gezählt, wenn dieser in die obere
Klemme hinein fließt. Die elektrische Leistung $p(t) = u(t) \cdot i(t)$ ist positiv, wenn das elektrische System als Verbraucher arbeitet. Wirkt das System als Erzeuger (Generator), so ist
bei dem Verbraucherzählpfeilsystem $p(t) < 0$. Beim Verbraucherzählpfeilsystem wird eine
aufgenommene Leistung positiv gezählt.

a Verbraucherzählpfeilsystem

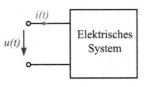

c passive Bauelemente

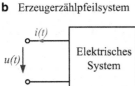

$$u(t) = R \cdot i(t) \qquad \underline{U} = R \cdot \underline{I}$$

b Erzeugerzählpfeilsystem

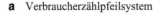

$$u(t) = \frac{1}{C} \int i(t)\, dt \qquad \underline{U} = \frac{1}{j\omega C} \cdot \underline{I}$$

$$u(t) = L \frac{di(t)}{dt} \qquad \underline{U} = j\omega L \cdot \underline{I}$$

Abb. 2.5 Zählpfeilsystme und Beschreibung der passiven Bauelemente

Beim Erzeugerzählpfeilsystem wird entsprechend Abb. 2.5b der aus der oberen Klemme hinaus fließende Strom positiv gezählt. Bei der Leistungsberechnung $p(t)$ bedeutet nun ein positiver Wert $(p(t) > 0)$, dass das elektrische System als Erzeuger arbeitet und somit eine elektrische Leistung abgibt.

Um die Methoden der komplexen Wechselstromrechnung anzuwenden, muss das elektrische System durch eine Schaltung mit konzentrierten Bauelementen beschrieben werden können. Das sind Bauelemente, deren geometrischen Abmessungen wesentlich kleiner als die Wellenlänge der anregenden elektrischen Größe sind. Mit dieser Voraussetzung können Laufzeiteffekte innerhalb des Systems vernachlässigt werden. Die Schaltsymbole und die Gleichungen zur Beschreibung der passiven Bauelemente: Ohmscher Widerstand R, Induktivität L und Kondensator C sind in Abb. 2.5c angegeben.

In der elektrischen Energietechnik wird häufig mit sinusförmigen Größen gleicher Frequenz gearbeitet, da hier bei der Addition oder bei der Differentiation der Signalgrößen das Ergebnis wiederum eine sinusförmige Größe mit der gleichen Frequenz ist. Weiterhin lässt sich jede periodische Funktion als Summe von Sinus- und Cosinusfunktionen darstellen, womit sich dann die Berechnungsmethoden der komplexen Wechselstromberechnung auf beliebige periodische Größen übertragen lassen.

Sinusförmige Größen können als reelle Zeitfunktionen mit den Parametern Kreisfrequenz $\omega = 2\pi f$, Amplitude und dem Phasenverschiebungswinkel φ beschrieben werden. Ebenso können diese Funktionen durch einen drehenden komplexen Zeiger $e^{j\omega t}$, dessen Zeigerlänge der Amplitude entspricht, mathematisch dargestellt werden.

$$u(t) = \hat{u} \cdot \cos(\omega t + \varphi_u) = \mathrm{Re}\left\{\hat{u} \cdot e^{j(\omega t + \varphi_u)}\right\} \quad \leftrightarrow \quad \underline{U} = \frac{\hat{u}}{\sqrt{2}} \cdot e^{j\varphi_u}$$

$$i(t) = \hat{i} \cdot \cos(\omega t + \varphi_i) = \mathrm{Re}\left\{\hat{i} \cdot e^{j(\omega t + \varphi_i)}\right\} \quad \leftrightarrow \quad \underline{I} = \frac{\hat{i}}{\sqrt{2}} \cdot e^{j\varphi_i}$$

$$(2.11)$$

Da nun in der Wechselstromtechnik alle Zeiger mit der selben bekannten Kreisfrequenz rotieren, kann auf diese Angabe ohne Informationsverlust verzichtet werden. Die sinusförmigen Größen können deshalb durch ruhende Zeiger dargestellt werden, aus denen die Phasenverschiebung zwischen den verschiedenen Größen und deren Amplituden hervorgehen. Da in der Energietechnik vorrangig die Leistungsumsetzung betrachtet wird, wählt man als Länge für den Zeiger den Effektivwert der sinusförmigen Größe. Hier werden komplexe Effektivwertzeiger durch einen Unterstrich gekennzeichnet. Mit der Verwendung komplexen Zeiger können bei der Wechselstromrechnung dieselben Gesetze wie im Gleichstromkreis angewendet werden. Das Ohmsche Gesetz bei der komplexen Wechselstromrechnung lautet:

$$\underline{U} = \underline{Z} \cdot \underline{I} \quad \text{mit} \quad \underline{Z} = R + jX \tag{2.12}$$

Wobei $\underline{Z}$ die komplexe Impedanz ist. Der Realteil der Impedanz entspricht dem Ohmschen Widerstand $R = \text{Re}\{\underline{Z}\}$ und der Imaginärteil $X = \text{Im}\{\underline{Z}\}$ wird Blindwiderstand oder Reaktanz genannt. Die Beschreibung der passiven Bauelemente mithilfe der komplexen Wechselstromrechnung ist in Abb. 2.5c angegeben. Weiterhin gelten auch bei der komplexen Wechstromrechnung die beiden Kirchhoffschen Sätze.

$$\text{Kontenpunktsatz:} \quad \sum_{i=1}^{N} \underline{I}_i = 0 \qquad \text{Maschensatz:} \quad \sum_{i=1}^{N} \underline{U}_i = 0 \tag{2.13}$$

Die Augenblicksleistung $p(t)$ im Wechselstromkreis kann aus dem Produkt von Spannung $u(t)$ und Strom $i(t)$ berechnet werden.

$$p(t) = u(t) \cdot i(t) = \hat{u}\cos(\omega t + \varphi_u) \cdot \hat{i}\cos(\omega t + \varphi_i) \tag{2.14}$$

Mit dem Additionstheorem $\cos\alpha \cdot \cos\beta = \frac{1}{2}(\cos(\alpha - \beta) + \cos(\alpha + \beta))$ ergibt sich für die Augenblicksleistung folgender Zusammenhang:

$$p(t) = \frac{\hat{u} \cdot \hat{i}}{2} \cdot (\cos(\varphi_u - \varphi_i) + \cos(2 \cdot \omega t + \varphi_i + \varphi_u)) \tag{2.15}$$

Der Verlauf der Augenblicksleistung $p(t)$ ist in Abb. 2.6 dargestellt. Die Leistung $p(t)$ schwingt mit der doppelten Kreisfrequenz 2ω um ihren Mittelwert. Diesen Mittelwert der Augenblicksleistung während der Periodendauer T nennt man Wirkleistung P.

$$P = \frac{1}{T}\int_0^T p(t)dt = \frac{\hat{u} \cdot \hat{i}}{2} \cdot \cos\varphi = U \cdot I \cdot \cos\varphi \quad \text{mit} \quad \varphi = \varphi_u - \varphi_i \tag{2.16}$$

Die Wirkleistung im Wechselstromkreis ist dem nach sowohl von den Effektivwerten der Spannung U und dem Strom I als auch vom Phasenverschiebungswinkel φ abhängig. Die Wirkleistung wird in Watt angegeben ($[P]$ = W).

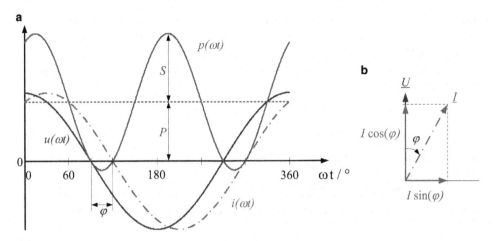

Abb. 2.6 Zeitverläufe und Zeigerdiagramm zur Wechselstromleistung

Bei einer ohmschen Last sind Spannung und Strom in Phase, d. h. $\varphi = 0$. Dann ist die Wirkleitung $P = UI$. Bei einer idealen Induktivität oder bei einer idealen Kapazität sind Spannung und Strom um $|\varphi| = 90°$ phasenverschoben. Damit ist die Wirkleistung bei reaktiven Bauelementen unabhängig von den Effektivwerten der Wechselgrößen gleich Null.

Der Zeitverlauf der Augenblicksleistung kann auch mit der Wirkleistung $P = UI\cos\varphi$ und der Scheinleistung $S = UI$ beschrieben werden. Diese beiden Größen können, wie in Abb. 2.6 dargestellt, aus dem Zeitverlauf $p(t)$ abgelesen werden.

$$p(t) = P + S\cos(2\omega t + \varphi_i + \varphi_u) \tag{2.17}$$

Die Wirkleistung P kann mithilfe der komplexen Zeigern veranschaulicht werden. Man erkennt an Abb. 2.6b, dass nur die Stromkomponente, die parallel zum Spannungszeiger gerichtet ist, zur Wirkleistung beiträgt. Die Stromkomponente, die senkrecht auf den Spannungszeiger steht trägt nicht zur Wirkleistung bei. Die Leistung welche die senkrechte Stromkomponente $I\sin\varphi$ bildet, wird Blindleistung Q genannt.

$$Q = UI\sin\varphi \tag{2.18}$$

Die Blindleistung wird in $[Q]$ = var angegeben, um schon an der Einheit klarzustellen, welche Leistungsgröße gemeint ist. Der Zusammenhang zwischen den drei Leistungsgrößen wird über

$$S = \sqrt{P^2 + Q^2} \tag{2.19}$$

beschrieben. Die Scheinleistung dient in der Starkstromtechnik als Anhaltsgröße zur Auslegung von elektrischer Maschinen. Für die Dimensionierung der Wicklungsquerschnitte muss der Strom I bekannt sein, während für die Dimensionierung des magnetischen Kreises die Spannung maßgebend ist. Zur Unterscheidung von den anderen Leistungsgrößen wird die Scheinleistung in $[S]$ = V A angegeben.

Die Wirkleistung kann als Realteil und die Blindleistung als Imaginärteil der komplexen Scheinleistung aufgefasst werden.

$$\underline{S} = P + jQ = \underline{U} \cdot \underline{I}^* \tag{2.20}$$

Mit dieser Definition der komplexen Scheinleistung $\underline{S}$ wird die Blindleistung bei einem induktiven Verbraucher positiv gezählt.

Um aus dem Produkt der Effektivwerte von Strom und Spannung den Betrag der Wirkleistung zu erhalten, muss zusätzlich mit dem Korrekturfaktor λ multipliziert werden.

$$P = \lambda \cdot UI = \lambda \cdot S \tag{2.21}$$

Dieser Korrekturfaktor, mit dem man die Scheinleistung multiplizieren muss, um die Wirkleistung zu erhalten, wird Leistungsfaktor genannt. Bei sinusförmigen Größen, die mit gleicher Frequenz schwingen, ist der Leistungsfaktor gleich dem Cosinus des Phasenwinkels zwischen Strom und Spannung.

$$\lambda = \frac{P}{S} = \frac{UI\cos\varphi}{UI} = \cos\varphi \tag{2.22}$$

Der $\cos\varphi$ wird als Verschiebungsfaktor bezeichnet.

2.2.2　Drehspannungssysteme

Energietechnische Einrichtungen werden in der Regel von einem dreiphasigen Drehspannungssystem gespeist. Hierzu werden jeweils drei um 120° phasenverschobene Wechselspannungsquellen mit gleicher Frequenz und Amplitude zu einem System zusammengeschaltet. Die Abb. 2.7a zeigt die Verschaltung der drei Wechselspannungsquellen.

Da die Quellen sternförmig am N-Leiter zusammengeschaltet sind, werden deren Spannungen als Sternspannungen bezeichnet. Der mit dem Sternpunkt verbundene Leiter wird Neutralleiter genannt. Die Sternspannungen können als zeitabhängige Funktion oder als Zeiger dargestellt werden. Dazu muss der Zusammenhang zwischen der Amplitude und dem Effektivwert beachtet werden ($\hat{u} = \sqrt{2}U$).

$$\begin{aligned}
u_a &= \hat{u} \cdot \cos(\omega t) &&\leftrightarrow& \underline{U}_a &= U \cdot e^{j0°} \\
u_b &= \hat{u} \cdot \cos(\omega t - 120°) &&\leftrightarrow& \underline{U}_b &= U \cdot e^{-j120°} \\
u_c &= \hat{u} \cdot \cos(\omega t - 240°) &&\leftrightarrow& \underline{U}_c &= U \cdot e^{-j240°}
\end{aligned} \tag{2.23}$$

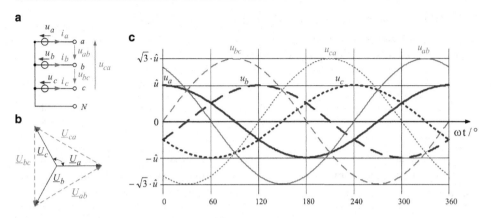

Abb. 2.7 Drehspannungssystem: **a** Ersatzschaltung, **b** Zeigerdiagramm und **c** Liniendiagramme

Die Außenleiterspannungen ergeben sich nach dem Maschensatz aus der Differenz zweier Sternspannungen:

$$\underline{U}_{ab} = \underline{U}_a - \underline{U}_b \quad \Rightarrow \quad \underline{U}_{ab} = \sqrt{3} \cdot U \cdot e^{j30°}$$
$$\underline{U}_{bc} = \underline{U}_b - \underline{U}_c \quad \Rightarrow \quad \underline{U}_{bc} = \sqrt{3} \cdot U \cdot e^{-j90°} \qquad (2.24)$$
$$\underline{U}_{ca} = \underline{U}_c - \underline{U}_a \quad \Rightarrow \quad \underline{U}_{ca} = \sqrt{3} \cdot U \cdot e^{j150°}$$

Die Außenleiterspannung U_L ist um den Faktor $\sqrt{3}$ größer als die Sternspannung U. Ebenso wie die Sternspannnungen sind auch die Außenleiterspannungen jeweils um 120° phasenverschoben. Die Sternspannungen können nur direkt gemessen werden, wenn der Sternpunkt N herausgeführt ist.

In Deutschland wird üblicherweise zur Energieverteilung ein Drehspannungsnetz mit 4 Leitern verwendet. Dabei werden die Außenleiter mit L_1, L_2 und L_3 und der Neutralleiter mit N bezeichnet. So stehen im Niederspannungsnetz neben den Außenleiterspannungen ($3 \times 400\,\text{V}$) auch die Sternspannungen ($3 \times 230\,\text{V}$) zur Verfügung.

Leistung bei symmetrischer Belastung

Besitzen die drei Spannungsquellen eines Drehspannungssystems gleiche Amplituden, gleiche Frequenz sowie eine Phasenverschiebung von jeweils 120°, stellen sich bei symmetrischer Belastung drei Ströme mit $i_a(t) = \hat{i}\cos(\omega t - \varphi)$, $i_b(t) = \hat{i}\cos(\omega t - 120° - \varphi)$ und $i_c(t) = \hat{i}\cos(\omega t - 240° - \varphi)$ in einem Drehstromverbraucher ein. Die gesamte Augenblicksleistung $p(t)$ des Drehstromverbraucher kann aus der Summe der drei Einzelleistungen berechnet werden.

$$\begin{aligned} p(t) &= u_a(t) \cdot i_a(t) + u_b(t) \cdot i_b(t) + u_c(t) \cdot i_c(t) \\ &= \hat{u} \cdot \hat{i} \cdot (\cos(\omega t) \cdot \cos(\omega t - \varphi) + \cos(\omega t - 120°) \cdot \cos(\omega t - 120° - \varphi) \qquad (2.25) \\ &\quad + \cos(\omega t - 240°) \cdot \cos(\omega t - 240° - \varphi)) \end{aligned}$$

Die Anwendung des Additionstheorems $\cos\alpha \cdot \cos\beta = \frac{1}{2}(\cos(\alpha-\beta)+\cos(\alpha+\beta))$ und die Umrechnung der Amplituden in Effektivwerte, ergibt folgenden Ausdruck für die Augenblicksleistung:

$$p(t) = UI \left(3\cos\varphi + \underbrace{\cos(2\omega t - \varphi) + \cos(2\omega t - 120° - \varphi) + \cos(2\omega t - 240° - \varphi)}_{=0} \right)$$

(2.26)

Da sich die zeitabhängigen Terme bei der Berechnung zu Null addieren, ist die Leistung $p(t)$ konstant und entspricht somit der mittleren Leistung, die als Wirkleistung P definiert wurde.

$$P = 3UI\cos\varphi \qquad (2.27)$$

Bei symmetrischer Belastung liefert ein Drehspannungssystem eine zeitlich konstante Leistung an den Verbraucher. Da jede der drei Spannungsquellen, wie im Wechselstromsystem auch, eine Blindleistung Q liefern muss, wird bei Drehspannungssystemen die Gesamtblindleistung durch die Summe der Teilblindleistungen gebildet. Bei symmetrischen Verbraucher wird die Blindleistung über

$$Q = 3UI\sin\varphi \qquad (2.28)$$

gebildet. Entsprechend kann die Scheinleistung S von symmetrischen Drehstromverbrauchern angegeben werden:

$$S = \sqrt{P^2 + Q^2} = 3UI \qquad (2.29)$$

Drehstromverbraucher können auf unterschiedliche Arten verschaltet werden. Die Stern- und die Dreieckschaltung werden in den nächsten Abschnitten erläutert.

Sternschaltung

In Abb. 2.8 ist der Verbraucher als Stern verschaltet. Dabei soll der Sternpunkt der Drehspannungsquellen und der Sternpunkt des Drehstromverbrauchers miteinander verbunden sein. Dann sind die Spannungen an den Verbraucherimpedanzen gleich der Quellspannung im jeweiligen Strang. Somit können die Leiterströme über:

$$\underline{I}_a = \frac{\underline{U}_a}{\underline{Z}_a}, \quad \underline{I}_b = \frac{\underline{U}_b}{\underline{Z}_b} \quad \text{und} \quad \underline{I}_c = \frac{\underline{U}_c}{\underline{Z}_c} \qquad (2.30)$$

berechnet werden. Der Strom im Neutralleiter kann mithilfe der Knotengleichung berechnet werden:

$$\underline{I}_N = \underline{I}_a + \underline{I}_b + \underline{I}_c = \frac{\underline{U}_a}{\underline{Z}_a} + \frac{\underline{U}_b}{\underline{Z}_b} + \frac{\underline{U}_c}{\underline{Z}_c} \qquad (2.31)$$

Bei einem symmetrischen Drehstromverbraucher sind alle drei Impedanzen in den drei Strängen gleich, es gilt: $\underline{Z} = \underline{Z}_a = \underline{Z}_b = \underline{Z}_c$. Weiterhin ist bei einer symmtrischen Quelle

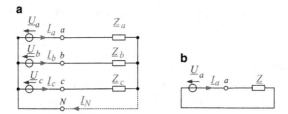

Abb. 2.8 **a** Sternschaltung und **b** einphasige Ersatzschaltung für eine symmetrische Sternschaltung mit $\underline{Z} = \underline{Z}_a = \underline{Z}_b = \underline{Z}_c$

die Summe der drei Spannungen gleich Null ($\underline{U}_a + \underline{U}_b + \underline{U}_c = 0$). Unter diesen Voraussetzungen ist der Strom $\underline{I}_N = 0$. Da kein Strom im Neutralleiter fließt, kann auf diesen Leiter verzichtet werden, ohne dass die Funktionsweise der Schaltung beeinflusst wird. Deshalb wird bei symmetrischen Verbrauchern häufig kein Neutralleiter angeschlossen. Symmetrische Sternschaltungen mit und ohne angeschlossenem Neutralleiter können mit einer einphasigen Ersatzschaltung nach Abb. 2.8b analysiert werden. Die Ströme in den anderen beiden Strängen erhält durch eine Drehung des Stromzeigers $\underline{I}_a$.

$$\underline{I}_b = \underline{I}_a e^{-j120°} \quad \text{und} \quad \underline{I}_c = \underline{I}_a e^{-j240°} \tag{2.32}$$

Dreieckschaltung

Bei der Dreieckschaltung werden die drei Impedanzen zwischen den Leitern geschaltet. Entsprechend Abb. 2.9a bilden die Impedanzen $\underline{Z}_\Delta$ ein Dreieck. Die Spannung an den Impedanzen ist gleich der Außenleiterspannung. Zur Berechnung der Leiterströme, kann die symmetrische Dreieckschaltung zunächst in eine äquivalente Sternschaltung umgerechnet werden. Die zugehörigen Sternwiderstände können über

$$\underline{Z} = \frac{\underline{Z}_\Delta}{3} \tag{2.33}$$

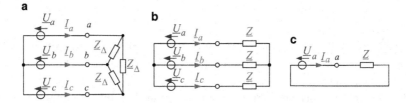

Abb. 2.9 **a** Dreieckschaltung, **b** äquivalente Sternschaltung $\underline{Z} = \underline{Z}_\Delta / 3$ und **c** einphasige Ersatzschaltung

berechnet werden. Die so erhaltene symmetrische Sternschaltung kann wie in Abb. 2.9c mit einer einphasigen Ersatzschaltung analysiert werden.

Zusammenfassung

Ein Drehspannungssystem wird aus drei Wechselspannungsquelle, die um 120° gegeneinander phasenverschoben sind, gebildet. Einem Drehstromverbraucher stehen die drei Stern- und Dreieckspannungen, die sich um den Faktor $\sqrt{3}$ unterscheiden, zur Verfügung. Der Leistungsfluss zwischen einem Drehspannungsgenerator und einem symmetrischen Verbraucher ist zeitlich konstant ($p(t) = konst.$). Symmetrische Drehstromschaltungen können mithilfe einphasiger Ersatzschaltungen analysiert werden.

2.2.3 Übungsaufgaben

Übung 2.4

Im folgenden Bild ist der Strom- und der Spannungsverlauf von einem Wechselstromverbraucher dargestellt.

a) Lesen Sie aus dem Oszillogramm folgende Werte ab: $f, \hat{\imath}, \hat{u}$ und die Phasenverschiebung φ.

b) Berechnen Sie die Wirk-, die Blind- sowie die Scheinleistung des Verbrauchers.

c) Geben Sie eine einfache Ersatzschaltung für den Wechselstromverbraucher an.

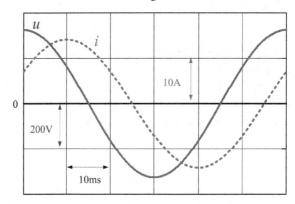

Übung 2.5

Ein symmetrisches Drehspannungssystem (400 V/50 Hz) speist einen symmetrischen Drehstromverbraucher. Der Drehstromverbraucher nimmt dabei eine Wirkleistung von 7,5 kW bei einem cos $\varphi = 0,7$ (induktiv) auf.

a) Berechnen Sie die Scheinleistung S, die Blindleistung Q und den Netzstrom I.

b) Berechnen Sie die Kapazität, die in Stern parallel zum Verbraucher geschaltet werden muss, um den Verschiebungsfaktor auf cos $\varphi^* = 0,95$ anzuheben.

2.3 Elektromagnetische Grundlagen

In der Umgebung bewegter elektrischer Ladung – also bei Stromfluß – sind Kraftwirkungen zu beobachten, die dem Magnetfeld zugeschrieben werden. Diese physikalischen Phänomene werden in elektrischen Maschinen zur Energieumwandlung genutzt. In diesem Abschnitt werden wichtige elektromagnetische Zusammenhänge erläutert, die für das Verständnis und für die Berechnung von elektrischen Maschinen notwendig sind.

2.3.1 Magnetischer Kreis in elektrischen Maschinen

Die Auslegung des magnetischen Kreises in elektrischen Maschinen ist entscheidend für deren Betriebseigenschaften. Da elektrische Maschinen in der Realität komplizierte Geometrien besitzen, werden grundlegende Überlegungen an einfachen Ersatzanordnungen vorgenommen, wie in Abb. 2.10 dargestellt. Der Strom I in der Wicklung mit w Windungen erzeugt ein magnetisches Feld, welches weitgehend durch den Eisenkern aufgrund seiner hohen Permeabilität μ_{Fe} geführt wird. Dieses magnetische Feld durchsetzt den Luftspalt mit der Dicke δ. Bei der Berechnung eines magnetischen Kreises geht man vom Durchflutungsgesetz aus:

$$\oint \vec{H}d\vec{s} = \iint \vec{S}d\vec{A} \tag{2.34}$$

Dabei ergibt das Integral entlang einer geschlossenen Linie über die magnetische Feldstärke $\vec{H}$ den eingeschlossenen Strom, der hier über das Flächenintegral der Stromdichte $\vec{S}$ berechnet wird. Wird sowohl im Eisenkern als auch im Luftspalt ein homogenes Feld vorausgesetzt, so kann das Linienintegral durch eine Multiplikation der Feldstärke H mit der entsprechenden mittleren Feldlinienlänge ersetzt werden. Das Linienintegral umfasst w mal den Strom I. Das Produkt wI wird als Durchflutung Θ bezeichnet.

$$H_L\delta + H_{Fe}l_{Fe} = wI = \Theta \tag{2.35}$$

Unter Vernachlässigung der magnetischen Streuung ist der magnetische Fluss Φ im gesamten Kreis konstant.

$$\Phi = B_{Fe}A = B_LA \rightarrow B = B_{Fe} = B_L \tag{2.36}$$

Die magnetische Leitfähigkeit der Luft wird durch die Permeabilität des Vakuums μ_0 berücksichtigt. Somit kann der Zusammenhang zwischen der magnetischen Flussdichte B_L und der Feldstärke H_L im Luftspalt über die Materialgleichung

$$B_L = \mu_0 H_L \quad \text{mit} \quad \mu_0 = 4\pi\,10^{-7}\frac{V\,s}{A\,m} \tag{2.37}$$

beschrieben werden. Die Eigenschaften des Eisens im magnetischen Kreis sollen zunächst durch eine konstante Permeabilität μ_{Fe} berücksichtigt werden.

$$B_{Fe} = \mu_{Fe}H_{Fe} \quad \text{mit} \quad \mu_{Fe} \gg \mu_0 \tag{2.38}$$

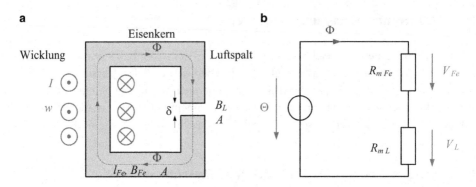

Abb. 2.10 Magnetischer Kreis: **a** Skizze und **b** Ersatzschaltung

Werden diese Beziehungen im Durchflutungssatz (2.35) berücksichtigt, kann der magnetische Fluss Φ berechnet werden:

$$\Phi = \frac{\Theta}{\frac{l_{Fe}}{\mu_{Fe} A} + \frac{\delta}{\mu_0 A}} \tag{2.39}$$

Hierbei können die geometrischen und die magnetischen Eigenschaften des Eisenkerns und des Luftspaltes mit den so genannten magnetischen Widerständen beschrieben werden:

$$R_{m_{Fe}} = \frac{l_{Fe}}{\mu_{Fe} A} \quad \text{und} \quad R_{m_L} = \frac{\delta}{\mu_0 A} \tag{2.40}$$

Mithilfe dieser magnetischen Widerstände kann der magnetische Kreis ähnlich wie ein elektrischer Stromkreis berechnet

$$\Phi = \frac{\Theta}{R_{m_{Fe}} + R_{m_L}} \tag{2.41}$$

und wie Abb. 2.10b zeigt, mit einem Schaltplan dargestellt werden. In Analogie zum elektrischen Stromkreis wird auch ein magnetischer Spannungsabfall eingeführt:

$$V = R_m \Phi \tag{2.42}$$

Der magnetische Fluss Φ durchsetzt die w Windungen der Spule, deshalb ist es sinnvoll die Wirkung des magnetischen Feldes durch den verketteten Fluss ψ zu beschreiben. Der verkettete Fluss ist proportional zum Strom I. Der Proportionalitätsfaktor wird dabei Induktivität genannt.

$$\psi = w \cdot \Phi = L \cdot I \tag{2.43}$$

Wird in dieser Definitionsgleichung für die Induktivität die Gl. 2.41 eingesetzt, kann die Induktivität eines magnetischen Kreises einfach berechnet werden:

$$L = \frac{w^2}{R_{m_L} + R_{m_{Fe}}} \tag{2.44}$$

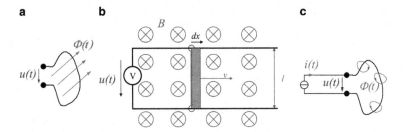

Abb. 2.11 Induktion: **a** Transformatorisch induzierte Spannung, **b** Bewegungsinduktion und **c** Selbstinduktion

Die Induktivität ist bei konstanter Permeabilität des Eisens unabhängig vom Strom und steigt mit dem Quadrat der Windungszahl an. Die Materialeigenschaften und die Geometrie des magnetischen Kreises werden durch die magnetischen Widerstände berücksichtigt.

2.3.2 Induktion

Die Erzeugung einer Spannung mithilfe des magnetischen Feldes wird Induktion genannt. Dieser Vorgang wird durch das Induktionsgesetz beschrieben:

$$u = w\frac{d\Phi}{dt} = \frac{d\psi}{dt} \tag{2.45}$$

Es gibt drei verschiedenen Möglichkeiten um Spannungen zu induzieren:

Transformatorisch induzierte Spannung: Hierbei durchsetzt ein äußeres Magnetfeld eine Leiterschleife (siehe Abb. 2.11a). Wenn dieses Magnetfeld sich zeitlich ändert, wird eine Spannung induziert.

Bewegungsspannung: Wenn sich ein Leiter im Magnetfeld – wie in Abb. 2.11b dargestellt – mit der Geschwindigkeit v bewegt, wird eine Spannung entsprechend $u = d\Phi/dt$ mit $d\Phi = BdA = Bldx$ und $v = dx/dt$ induziert:

$$u = Blv \tag{2.46}$$

Selbstinduktion: Wird in einer Leiterschleife mit der Induktivität L ein zeitlich veränderlicher Strom $i(t)$ eingeprägt, so kann die notwendige Spannung mit $\Psi(t) = L \cdot i(t)$ über das Induktionsgesetz

$$u = \frac{d\psi}{dt} = L\frac{di}{dt} \tag{2.47}$$

berechnet werden.

Abb. 2.12 Kraftwirkungen im
Magnetfeld

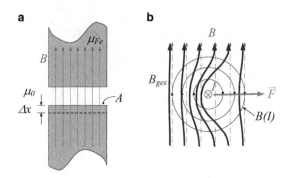

Alle drei Möglichkeiten zur Spannungsinduktion sind für die Funktionsweise elektrischer Maschinen wichtig. Häufig finden in Maschinen alle drei Induktionsvorgänge gleichzeitig statt.

2.3.3 Kräfte im Magnetfeld

Für die Umwandlung elektrischer Energie in mechanische Energie sind die Kraftwirkungen
auf ferromagnetischen Oberflächen oder auf stromdurchflossene Leiter im Magnetfeld ver-
antwortlich. Insbesondere wenn die Baugröße eines Motors minimiert werden soll, ist bei
der Auslegung eine große Kraftdichte anzustreben.

Kräfte auf Grenzflächen: Abbildung 2.12a zeigt den Ausschnitt eines magnetischen Kreises. Das Magnetfeld wird vom Eisen geführt und durchsetzt den Luftspalt. Zwischen den
Eisenteilen entsteht eine anziehende Kraft, die mithilfe des Prinzips der virtuellen Verschiebung berechnet werden kann. Um den Luftspalt um Δx zu vergrößern, ist die mechanische
Energie $\Delta W_M = F \Delta x$ notwendig. Gleichzeitig wird dadurch die im Luftspalt gespeicherte
magnetische Energie $\Delta W = \frac{B^2 A}{2\mu_0} \Delta x$ vergrößert. Wenn die Änderung der Luftspaltslänge
klein ist, wird sich die magnetische Flussdichte B dabei nicht ändern. Nach dem Energieerhaltungssatz können beide Energien gleichgesetzt und die Kraft an den Grenzflächen
berechnet werden:

$$F = \frac{1}{2\mu_0} A B^2 \tag{2.48}$$

Kräfte auf stromdruchflossene Leiter: Ein Leiter, wie in Abb. 2.12b dargestellt, befindet
sich in einem homogenen Magnetfeld mit der Flussdichte B. Fließt nun ein Strom I durch
diesen Leiter, so baut sich zusätzlich ein Wirbelfeld um diesen Leiter auf. Die beiden Felder
überlagern sich und es entsteht das resultierende, stark inhomogene Magnetfeld B_{ges}. Auf
der linken Seite des Leiters wird das resultierende Magnetfeld verstärkt, weil die Richtung
des äußeren Magnetfeldes und das Magnetfeld des stromfurchflossenen Leiters übereinstimmen. Auf der rechten Seite sind beide Magnetfelder entgegengesetzt und schwächen

sich somit. Die Kraftwirkungen im Magnetfeld sind immer so gerichtet, dass die Feldlinien möglichst kurz werden. Entsprechend wirkt auf den Leiter eine Kraft nach rechts.

Die Vektorgleichung für die auf einen stromdurchflossenen Leiter wirkende Kraft im Magnetfeld lautet:

$$\vec{F} = I(\vec{l} \times \vec{B}) \qquad (2.49)$$

Wobei $\vec{l}$ die Leiterlänge im Magnetfeld ist. Dabei zeigt der Vektor $\vec{l}$ in Stromrichtung. Die magnetische Flussdichte $\vec{B}$ beschreibt das ursprüngliche Magnetfeld ohne das Magnetfeld des Stroms.

2.3.4   Elektrobleche und Eisenverluste

Der Zusammenhang zwischen der magnetischen Flussdichte B und der magnetischen Feldstärke H wird über die Materialgleichung $B = \mu \cdot H$ beschrieben. Die Permeabilität μ ist dabei das Produkt aus der relativen Permeabilität μ_r und der magnetischen Feldkonstante μ_0:

$$\mu = \mu_r \cdot \mu_0 \qquad (2.50)$$

Die Permeabilität ist eine Materialeigenschaft und hängt vom atomaren Aufbau der Materie ab. Bei diamagnetischen Stoffen ist $\mu_r < 1$, z. B. Cu. Bei paramagnetischen Stoffen ist $\mu_r > 1$. Für die praktische Berechnung kann für diese Materialien $\mu_r \approx 1$ gesetzt werden.

Bei einigen Materialien treten besonders starke Wechselwirkungen mit den Elementardipolen auf, die durch die Bewegung der Elektronen um die Atomkerne entstehen. Diese Materialien werden ferromagnetische Materialien genannt. Zu diesen Materialien gehören Eisen, was auch namensgebend war, sowie Kobalt und Nickel. Durch ein äußeres Feld können ganze Bezirke im Material ausgerichtet werden und somit das magnetische Feld verstärken. Bei ferromagnetischen Materialien ist der Zusammenhang zwischen der Flussdichte B und der Feldstärke H nicht linear und kann anschaulich nur noch grafisch dargestellt werden. Abbildung 2.13 zeigt die Magnetisierungskennlinie eines Elektrobleches im Vergleich zur linearen Kennlinie der Luft.

Das Eisen, welches das Magnetfeld führt, wird bei elektrischen Maschinen mit mittlerer und großer Leistung stets aus Elektroblechen geschichtet und zu einem Blechpaket gepresst. Die magnetischen Eigenschaften von Elektroblechen werden in den Normen DIN EN 10106 und DIN EN 10207 beschrieben [27, 28]. Diese Bleche besitzen eine Dicke von $0, 25$ bis $1\,$mm. Die Bleche werden durch eine Silikatschicht oder wasserlösliche Lacke einseitig isoliert. In der normgerechten Kennzeichnung der Bleche sind die Verluste bei $B = 1, 5\,$T und $f = 50\,$Hz und die Blechstärke ersichtlich. Dazu folgendes Beispiel:

M530-50A: Dieses Blech besitzt die spezifischen Verluste $5,3\,$W/kg bei $B = 1, 5\,$T und $f = 50\,$Hz. Die Blechstärke ist $0, 5\,$mm.

Bei rotierenden Maschinen, bei denen die räumliche Lage des Magnetfeldes ständig geändert wird, müssen die magnetischen Eigenschaften richtungsunabhängig sein. Bei Trans-

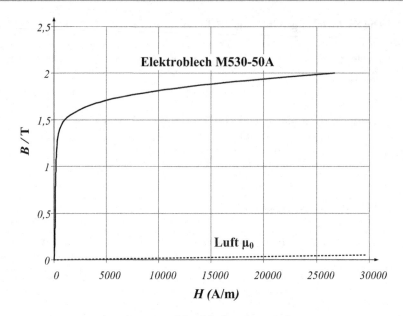

Abb. 2.13 Magnetisierungskennlinie von Elektroblech und von Luft

formatoren kann hingegen kornorientiertes Blech eingesetzt werden, welches für eine Vorzugsrichtung bessere Eigenschaften besitzt.

Die in der Kennzeichnung der Bleche angegebenen Verluste sind die sogenannten Eisenverluste. Diese Verluste entstehen im Eisenblech durch Hystereseeffekte bei der Ummagnetisierung und durch Wirbelströme.

Hystereseverluste: Diese Verluste entstehen durch die periodische Umorientierung der Elementarmagnete (Bloche-Bezirke) im Eisen infolge eines magnetischen Wechselfeldes. Die Verluste im Eisen sind proportional zur eingeschlossenen Fläche der Hysteresekurve, die im magnetischen Wechselfeld durchlaufen wird (siehe Abb. 2.14). Für eine Berechnung der Hystereseverluste kann folgender Ansatz gewählt werden:

$$P_H = m_{Fe} \cdot c_H \cdot f \cdot B^2 \tag{2.51}$$

Wobei m_{Fe} die Masse des Eisen ist, welches den magnetischen Fluss mit der Frequenz f führt. Die Proportionaliätskonstante c_H ist eine materialabhänigige Größe, welche proportional zum Flächeninhalt der Hysteresekurve ist.

Wirbelstromverluste: Ein magnetisches Wechselfeld induziert nach dem Induktionsgesetz 2.45 eine Spannung im Eisenkern. Diese Spannung findet innerhalb des Eisenkerns einen geschlossenen Stromkreis vor (siehe Abb. 2.14). Aufgrund der elektrischen Leitfähigkeit des Eisens fließen Ströme, welche die sogenannten Wirbelstromverluste verursachen.

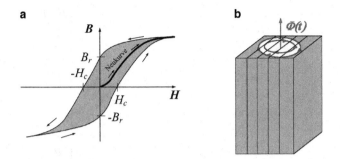

Abb. 2.14 **a** Hysteresekurve eines Elektrobleches und **b** ein geschichteter Eisenkern mit eingezeichneten Wirbelströmen

$$u \sim \frac{d\phi}{dt} \sim f \cdot B \tag{2.52}$$

$$P_W = \frac{u^2}{R} = m_{Fe} \cdot c_W \cdot f^2 \cdot B^2 \tag{2.53}$$

Um die Wirbelstromverluste möglichst klein zu halten, muss der ohmsche Widerstand im Eisen möglichst groß werden. Dazu wird der flussführende Eisenkern aus Blechen geschichtet, die durch eine dünne Schicht voneinander isoliert sind. Je dünner die Blechstärke gewählt wird, desto kleiner werden die Wirbelstromverluste. Aber dadurch steigen der Arbeitsaufwand und somit auch die Herstellungskosten. Deshalb wird bei der Konstruktion von elektrischen Maschinen immer nach einem Kompromiss zwischen den Herstellungskosten und den Verlusten gesucht.

Die gesamten Eisenverluste in der Maschine ergeben sich aus der Summe von Hysterese- und Wirbelstromverlusten. Zur Berechnung der gesamten Eisenverluste wird häufig folgende Näherung angesetzt:

$$P_{Fe} = m_{Fe} \cdot v_{Fe,15} \cdot \left(\frac{B}{1,5\,\text{T}}\right)^2 \cdot \left(\frac{f}{50\,\text{Hz}}\right)^{1,6} \cdot k_B \tag{2.54}$$

Dabei ist m_{Fe} die Masse des Blechpaketes. Der Exponent 1.6 soll die unterschiedliche Frequenzabhängigkeit der beiden Verlustanteile berücksichtigen. Mit k_B wird der Bearbeitungszuschlag bezeichnet [8]. Dadurch werden die Bearbeitungseinflüsse der Eisenbleche, wie z. B. durch Stanzen, berücksichtigt. Bei mittleren und großen Maschinen kann für den Bearbeitungszuschlag $k_B = 1,3$ gesetzt werden. Die genaue Vorausberechnung der Eisenverluste ist schwierig. In Anwendungsfällen, bei denen die genaue Kenntnis der Eisenverluste notwendig ist, sind neben diesem vorgestellten Berechnungsansatz vergleichende Messungen am Prüfstand unbedingt notwendig.

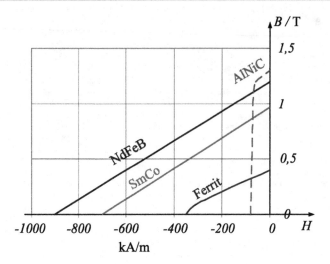

Abb. 2.15 Entmagnetisierungskennlinien verschiedener Werkstoffe für Permanentmagnete

2.3.5 Magnetische Kreise mit Permanentmagnete

In elektrischen Maschinen können zur verlustlosen Erregung Permanentmagnete eingesetzt werden. Als Dauermagnete oder Permanentmagnete werden Werkstoffe bezeichnet,
bei denen nach Einwirkung eines starken Magnetfeldes ein hoher Anteil von Restmagnetis-
mus verbleibt. Diese Eigenschaft ist in der Hysteresekurve nach Abb. 2.14a durch eine hohe
Remanenzflussdichte B_r und eine große Koerzitivfeldstärke H_c ersichtlich. Kennzeichnend
für Dauermagnetmaterialien ist die Entmagnetisierungskurve im 2. Quadranten der Hysteresekurve. Für verschiedene Materialien sind in Abb. 2.15 die Entmagnetisierungskurven
dargestellt.

Bei elektrischen Maschinen mit hoher Kraftdichte und gutem Wirkungsgrad werden
Permanentmagnete aus „Seltenen Erden" mit hoher Remanenzflussdichte und hoher Koerzitivfeldstärke eingesetzt. Insbesondere die Neodym-Eisen-Bor (NdFeB)-Verbindungen
zeichnen sich durch eine hohe Energiedichte, gute Temperaturstabiliät sowie eine Kor-
rosionsbeständigkeit aus. Diese Materialien sind trotz der Bezeichnung „Seltenen Erden"
am Markt verfügbar und werden in hochwertigen Servomotoren und Torquemotoren
eingesetzt. Permanentmagnete aus AlNiCo sind preiswerte Materialien mit geringen
Energiedichten. Daher werden diese Magnete in Großserien mit geringeren Ansprüchen
bezüglich Leistungsdichte und Wirkungsgrad eingesetzt.

Ein magnetischer Kreis mit Permanentmagnet wird über den Durchflutungssatz berechnet. Dabei soll die Anordnung in Abb. 2.16 betrachtet werden.

$$\underbrace{H_{Fe}l_{Fe}}_{\approx 0} + H_m l_m + H_L \delta = Iw \tag{2.55}$$

H_m ist dabei die Feldstärke im Magnet und l_m ist dessen Länge. Da die Permeabilität des Eisens groß ist, kann der magnetische Spannungsabfall $H_{Fe}l_{Fe}$ im Durchflutungsgesetz vernachlässigt werden. Weiterhin ist der Fluss im Magnet und im Luftspalt gleich:

$$\Phi = A_m B_m = A_L B_L \Rightarrow B_L = \frac{A_m}{A_L} B_m \tag{2.56}$$

Wird diese Beziehung in Gl. 2.55 verwendet, ergibt sich die so genannte Scherungsgerade:

$$B_m = \frac{\mu_0 A_L}{A_m \delta} \left(Iw - H_m l_m \right) \tag{2.57}$$

Diese Scherungsgeraden sind für unterschiedliche Betriebsbedingungen in Abb. 2.16b eingezeichnet. Ist dabei der Strom $I = 0$, so verlaufen die Scherungsgeraden durch den Ursprung. Die Steigung der Geraden ist dabei von der Länge l_m des Permanentmagneten abhängig. Ist der Strom $I > 0$, so bauen der Permanentmagnet und die Spule ein Feld in gleicher Richtung auf. Dadurch verschiebt sich die Scherungsgerade aus dem Ursprung nach rechts. Bei einem negativen Strom erzeugt die Spule ein Gegenfeld und schwächt somit den Permanentmagneten. Die magnetischen Größen, die sich im Magnetkreis einstellen, können am Schnittpunkt der Entmagnetisierungskurve mit der zugehörigen Scherungsgerade abgelesen werden.

Die Lage des Arbeitspunktes kann so gewählt werden, dass für eine gewünschte Flussdichte im Luftspalt, möglichst wenig Magnetmaterial eingesetzt wird. Diese Optimierung ist notwendig, um den Materialeinsatz und damit die Herstellungskosten von permanenterregten Maschinen zu minimieren. Wird der Durchflutungssatz nach Gl. 2.55 bei $I = 0$

$$H_m l_m = -H_L \delta$$

mit der Kontinuitätsgleichung des magnetischen Flusses

$$\Phi = B_m A_m = B_L A_L$$

multipliziert, kann das Volumen V_m der Permanentmagnete berechnet werden:

$$V_m = A_m l_m = A_L \delta \frac{B_L^2/\mu_0}{B_m H_m} \tag{2.58}$$

Um die gewünschte Flussdichte B_L mit möglichst wenig Material zu realisieren, sollte der Arbeitspunkt so gewählt werden, dass das Produkt $B_m H_m$ maximal wird. Bei einem linearen Verlauf der Entmagnetisierungskennlinie wird dieser optimierte Arbeitspunkt bei $B_m = 0,5 \cdot B_R$ erzielt [8]. Gegenüber dieser optimierten Auslegung wird meist bei der praktischen Auslegung von Magnetkreisen der Materialeinsatz erhöht, um die Gefahr einer Entmagnetisierung der Permanentmagnete durch ein Gegenfeld zu reduzieren.

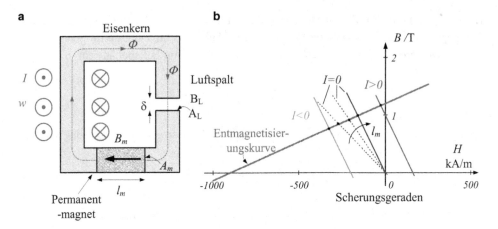

Abb. 2.16 Magnetischer Kreis mit Permanentmagnet mit zugehöriger Entmagnetisierungskennlinie und den Scherungsgeraden

---

Zusammenfassung

Das Durchflutungsgesetz bildet die Grundlage zur Berechnung magnetischer Kreise von elektrischen Maschinen. Kräfte im magnetischen Feld entstehen an Grenzflächen oder an stromdurchflossenen Leitern. Der magnetische Kreis von Maschinen wird aus geschichteten Elektroblechen hergestellt. Die Verluste in den Elektroblechen setzen sich aus den Hysterse- und den Wirbelstromverlusten zusammen. Permanentmagnete können in elektrischen Maschinen praktisch verlustfrei Magnetfelder aufbauen.

2.3.6 Übungsaufgaben

Übung 2.6

Bei einem magnetischen Kreis nach Abb. 2.10 mit dem Querschnitt $A = 900\,\text{mm}^2$ beträgt die mittlere Eisenweglänge $l_{Fe} = 560\,\text{mm}$. Auf dem Kern ist eine Wicklung mit $w = 500$ Windungen aufgebracht. Als Kernmaterial wird das Elektroblech M530-50A mit einer Magnetisierungskennlinie entsprechend Abb. 2.13 verwendet. Im Luftspalt soll eine Flussdichte von $B = 1{,}5\,\text{T}$ herrschen.

a) Welcher Strom I_a ist erforderlich, um die gewünschte Flussdichte bei einem Luftspalt von $\delta = 1\,\text{mm}$ einzustellen?

b) Welcher Strom I_b ist erforderlich, wenn der Luftspalt auf $\delta = 5\,\text{mm}$ vergrößert wird?

Übung 2.7

Der in Abb. 2.16a dargestellte magnetische Kreis soll mit einem NdFeB-Magneten aufgebaut sein, dessen Kennlinie in Abb. 2.15 dargestellt ist. Die Fläche des Permanentmagneten A_m und der Fläche des Luftspaltes A_L sind gleich groß. Die Magnetlänge

beträgt l_m = 5 mm und der Luftspalt besitzt eine Länge von δ = 1 mm. Die Windungszahl der Spule ist mit w = 100 angegeben. Die Permeabilität des Eisens soll sehr groß
sein ($\mu_{Fe} \to \infty$).

a) Bestimmen Sie den Strom I_a, bei dem der Arbeitspunkt im Remanenzpunkt des Permanentmagneten liegt.
b) Bestimmen Sie den Strom I_b, bei dem der Arbeitspunkt im Koerzitivpunkt vom Magnetmaterial liegt.
c) Welche Flussdichte B_c stellt sich im Luftspalt bei I = 0 ein?

Übung 2.8

Im folgenden Bild ist ein magnetischer Kreis mit zwei gekoppelten Spulen dargestellt.
Das verwendete Eisen besitzt eine relative Permeabilität von μ_r = 1500. Der Eisenkern
hat eine Querschnittsfläche A_{Fe} = 1 cm^2 und einem mittleren Eisenweg von l_{Fe} = 15 cm.
Die Windungszahl der Primärspule beträgt w_1 = 400. Die Sekundärspule hat w_2 = 200
Windungen. Die Spulen sind ideal gekoppelt (k = 1). Alle Verluste können vernachläs-
sigt werden.

a) Berechnen Sie den magnetischen Widerstand R_m der Anordnung.
b) Berechnen Sie die Selbstinduktivitäten L_1 der Wicklung 1.
c) Berechnen und Skizzieren Sie den Verlauf des magnetischen Flusses $\Phi(t)$.
d) Berechnen und Skizzieren Sie den Verlauf der Spannung $u_1(t)$.
e) Berechnen und Skizzieren Sie den Verlauf der Spannung $u_2(t)$.
f) Wie groß ist das Verhältnis $u_1 : u_2$?

a

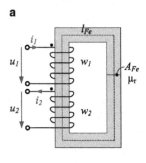

b

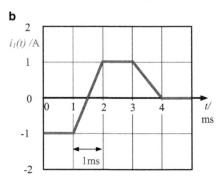

Drehfeldmaschinen

3

Dreht sich ein Dauermagnet oder ein Elektromagnet um seinen Mittelpunkt, so entsteht ein magnetisches Drehfeld. Drehfelder können aber auch erzeugt werden, wenn in räumlich versetzten Spulen jeweils zeitlich verschobene Wechselströme fließen. Ein Drehfeld ist Ursache für die Drehmomenterzeugung in Asynchron- und Synchronmaschinen, die als Drehfeldmaschinen bezeichnet werden.

Für Drehfeldmaschinen sind unterschiedliche Konstruktionsprinzipien bekannt. Grundsätzlich besteht eine Drehfeldmaschine aus einem ruhenden Ständer auch Stator genannt und aus dem rotierenden Läufer, deshalb auch Rotor genannt. Die übliche Bauform einer Drehfeldmaschine mit Innenläufer ist in Abb. 3.1 dargestellt. Gehalten wird der Läufer über Lager, die in den Lagerschildern eingebaut sind. Der Ständer und auch der Läufer sind aus Elektroblech geschichtet. Zwischen Ständer und Rotor befindet sich der Luftspalt.

Bei einer Drehfeldmaschine müssen entweder der Ständer oder Rotor oder auch beide Komponenten eine Drehstromwicklung aufweisen. Diese Wicklungen bestehen im Allgemeinen aus m Strängen, die räumlich um den Winkel $2\pi/m$ zueinander versetzt im Ständer oder im Rotor angeordnet sind. In praktischen Anwendungen werden bis auf wenige Ausnahmen nur dreisträngige Wicklungen ($m = 3$) verwendet. In diesem Kapitel soll der Aufbau von Drehstromwicklung und das Funktionsprinzip des magnetischen Drehfeldes erläutert und analysiert werden.

3.1 Magnetisches Wechselfeld

Um zu zeigen, wie das magnetische Feld in elektrischen Maschinen berechnet werden kann, wird zunächst eine Maschine mit nur einer Wicklung im Strang a analysiert. Den prinzipiellen Aufbau der Maschine und die Verteilung der Windungen im Ständer zeigt Abb. 3.2. Ein magnetisches Feld kann in Maschinen analytisch einfach berechnet werden, wenn folgende Annahmen getroffen und Begriffe eingeführt werden:

J. Teigelkötter, *Energieeffiziente elektrische Antriebe*, DOI 10.1007/978-3-8348-2330-4_3,
© Vieweg+Teubner Verlag | Springer Fachmedien Wiesbaden 2013

Abb. 3.1 Prinzipielle
Konstruktion einer Drehfeldmaschine

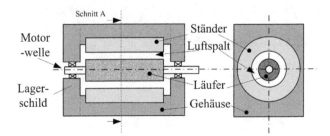

- Die Permeabilität des Eisens wird als sehr groß angenommen ($\mu_{Fe} \to \infty$). Damit kann der magnetische Spannungsabfall im Eisen vernachlässigt werden.
- Der Luftspalt ist längst des Umfanges konstant ($\delta = konst.$).
- Die Stromverteilung in der Maschine soll durch den Strombelag $A(x)$ beschrieben werden. Dazu wird der Strom, der in den einzelnen Leitern fließt und damit diskontinuierlich verteilt ist, auf den zugehörigen Kreisbogen kontinuierlich verteilt. Im dargestellten Beispiel beträgt der Strombelag im Bereich der Wicklung:

$$A_a = \frac{w_a i_a}{(\pi D)/6} \qquad (3.1)$$

In den übrigen Bereichen ist der Strombelag null. Dabei ist i_a der Strom in der Wicklung und w_a die Anzahl der Wicklungen im Strang a. Der Wicklungsstrom $w_a i_a$ verteilt sich über ein Sechstel des Umfangs $\pi D/6$. Als Einheit für den Strombelag ergibt sich $[A(x)] = $ A/m. Der in elektrischen Maschinen realisierbare Strombelag ist von der möglichen Nuttiefe und damit vom Durchmesser der Maschine sowie von den Kühl-

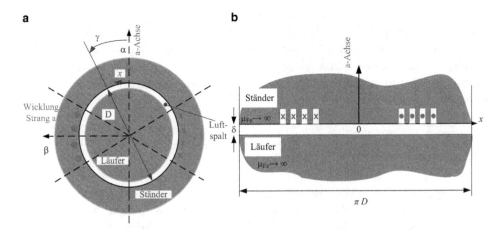

Abb. 3.2 a Maschine mit einer Wicklung im Strang a und **b** Abwicklung mit Zonenplan der Wicklung

bedingungen abhängig. Typischerweise liegt der maximale Strombelag im Bereich von 100 bis 600 A/cm.

Zur Berechnung des magnetischen Feldes wird der Durchflutungssatz entsprechend Gl. 2.35 auf den in Abb. 3.3 eingezeichneten Umlauf angewandt. Dieser Umlauf umfasst den differentiell kleinen Abschnitt dx am Luftspaltumfang. Mit den genannten Annahmen gilt:

$$H_a(x + dx)\delta - H_a(x)\delta = A_a(x)dx \tag{3.2}$$

$$\frac{H_a(x + dx) - H_a(x)}{dx} = \frac{1}{\delta}A_a(x) \tag{3.3}$$

$$\frac{d}{dx}H_a(x) = \frac{1}{\delta}A_a(x) \tag{3.4}$$

Der Strombelag $A(x)$ gibt also die Änderung der magnetischen Feldstärke $H(x)$ an der Stelle x vor. Bei einem zeitabhängigen $i_a(t)$ ist auch der Strombelag $A(x, t)$ eine Funktion von der Umfangskoordinate x und der Zeit t. Wegen des ortsunabhängigen Luftspaltes δ und wegen des linearen Zusammenhanges zwischen der Feldstärke H_a und der Flussdichte $B_a = \mu_0 H_a$ im Luftspalt, kann folgendes Integral aufgestellt werden:

$$B_a(x, t) = \frac{\mu_0}{\delta} \int_{x_0}^{x} A_a(x, t)dx + B_a(x_0, t) \tag{3.5}$$

Da der Mittelwert der Flussdichte über dem Umfang gleich Null sein muss, kann die Integrationskonstante $B_a(x_0, t)$ aus der Bedingung

$$\int_{-\pi D/2}^{\pi D/2} B_a(x, t)dx = 0 \tag{3.6}$$

bestimmt werden.

In Abb. 3.3 sind Zonenplan und die Verläufe von Strombelag und Flussdichte als Funktion des Winkels γ aufgetragen. Der Winkel γ und die Streckenkoordinate $x = \gamma \cdot (D/2)$ können über den Durchmesser umgerechnet werden. Für den Strombelag im Strang a gilt somit:

$$A_a(x, t) = \begin{cases} \dfrac{i_a(t)w_a}{\pi D/6} & \text{in Zonen von Strang a mit} \quad \times \\[4mm] -\dfrac{i_a(t)w_a}{\pi D/6} & \text{in Zonen von Strang a mit} \quad \bullet \end{cases} \tag{3.7}$$

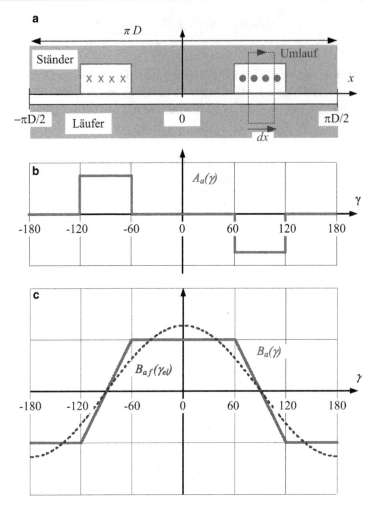

Abb. 3.3 Feld der Wicklung im Strang a für $i_a > 0$: **a** Zonenplan der Wicklung, **b** Strombelag und **c** Verlauf des magnetischen Feldes

Die Auswertung des Integrals 3.5 ergibt einen trapezförmigen Verlauf der magnetischen Flussdichte im Luftspalt. Der Scheitelwert der magnetischen Flussdichte wird durch die Auswertung des Durchflutungssatzes mit einem Integrationsweg um alle w_a Leiter der Wicklung a berechnet:

$$2\frac{B_{a\,max}(t)}{\mu_0}\delta = w_a i_a(t) \tag{3.8}$$

$$B_{a\,max}(t) = \frac{\mu_0}{2\delta}\cdot w_a i_a(t) \tag{3.9}$$

Folgende Ergebnisse dieser Analyse eines Wechselfeldes können festgehalten werden:

- Die Form der magnetischen Felder ist vom Strombelag abhängig, d. h. durch die Verteilung der Wicklung am Umfang festgelegt.
- Da Sättigungserscheinungen vernachlässigt werden, ist der Scheitelwert des magnetischen Feldes proportional zum Augenblickswert des Strangstroms i_a.
- Der Scheitelwert der magnetischen Flussdichte ist unabhängig von der Zeit immer an der gleichen Position.

3.1.1 Grundwellenfeld

Bei technisch sinnvoll konstruierten Drehfeldmaschinen kann in guter Näherung von einer cosinusförmigen Feldverteilung ausgegangen werden. Dieses Feld wird als Grundwellenfeld bezeichnet. Die Abweichung des tatsächlichen Feldes vom Grundwellenfeld wird durch die sogenannten Feldoberwellen hervorgerufen, die bei den weiteren Überlegungen vernachlässigt werden. Insbesondere um das Betriebsverhalten von Drehfeldmaschinen zu beschreiben, ist diese Näherung häufig ausreichend genau. Bei einem trapezförmigen Verlauf der magnetischen Flussdichte im Luftspalt berechnet sich die Amplitude der Grundwelle mit Hilfe der Fourierreihenentwicklung [3] zu:

$$\widehat{B}_{af}(t) = \underbrace{\frac{4}{\pi} \frac{\sin(\pi/6)}{(\pi/6)} \frac{\mu_0}{2\delta} w_a}_{C_B} i_a(t) \tag{3.10}$$

Die Amplitude der Grundwelle ist proportional zum Augenblickswert des Stroms $i_a(t)$. Dieser Proportionaliätsfaktor C_B beschreibt die Verteilung und die Anzahl der Windungen der Wicklung. Die Grundwelle der magnetischen Flussdichte im Luftspalt kann somit über

$$B_{af}(\gamma, t) = C_B \cdot i_a(t) \cdot \cos(\gamma) \tag{3.11}$$

mathematisch beschrieben werden. In Abb. 3.3 ist diese Grundwelle und die trapezförmige Flussverteilung dargestellt. Der Scheitelwert der Grundwelle befindet sich bei der Wicklung a immer bei $x = 0$ bzw. bei $\gamma = 0$. Deshalb wird an dieser Stelle eine Achse in das Schnittbild 3.2 gelegt, welche die Hauptmagnetisierungsrichtung der Wicklung a kennzeichnet.

3.2   Magnetisches Drehfeld

Nun werden alle drei Wicklungen der Drehfeldmaschine betrachtet. In Abb. 3.4 sind ein
Schnitt durch die Maschine und der zugehörige Zonenplan dargestellt. Die Wicklungen a, b
und c werden jeweils von den Strömen i_a, i_b und i_c magnetisiert. Bei folgenden Überlegungen sollen nur die Grundwellenfelder betrachtet werden. Die mathematische Beschreibung
der Grundwelle des magnetischen Feldes der Wicklung a kann aus dem vorherigen Abschnitt auf die Wicklungen b und c übertragen werden:

$$B_{af}(\gamma, t) = C_B \cdot i_a(t) \cdot \cos(\gamma) \tag{3.12}$$

$$B_{bf}(\gamma, t) = C_B \cdot i_b(t) \cdot \cos\left(\gamma - \frac{2\pi}{3}\right) \tag{3.13}$$

$$B_{cf}(\gamma, t) = C_B \cdot i_c(t) \cdot \cos\left(\gamma - \frac{4\pi}{3}\right) \tag{3.14}$$

Weiterhin speisen die drei Wechselströme

$$i_a(t) = \hat{i}\cos(\omega t) \tag{3.15}$$

$$i_b(t) = \hat{i}\cos\left(\omega t - \frac{2\pi}{3}\right) \tag{3.16}$$

$$i_c(t) = \hat{i}\cos\left(\omega t - \frac{4\pi}{3}\right) \tag{3.17}$$

mit jeweils $120° = 2\pi/3$ Phasenverschiebung die Wicklungen. Das resultierende Luftspalt-
feld kann aus der Summe der drei Teilfelder berechnet werden.

$$B_d(\gamma, t) = B_{af}(\gamma, t) + B_{bf}(\gamma, t) + B_{cf}(\gamma, t) \tag{3.18}$$

a   **b**

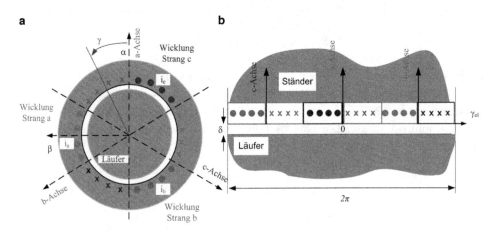

Abb. 3.4   Drehfeldwicklung mit Zonenplan

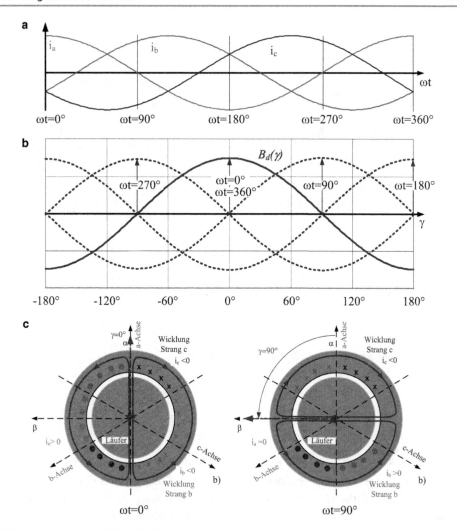

Abb. 3.5 **a** Zeitverlauf der Wicklungsströme, **b** Feldverläufe bei verschiedenen Zeitpunkten und **c** magnetisches Feld in der Maschine bei $\omega t = 0°$ und $\omega t = 90°$

Wird diese Summe mit dem Additiontheorem $\cos \alpha \cos \beta = \frac{1}{2}\left(\cos(\alpha - \beta) + \cos(\alpha + \beta)\right)$ vereinfacht, so ergibt sich für das resultierende Magnetfeld:

$$B_d(\gamma, t) = \underbrace{\frac{3}{2}C_B \hat{i}}_{\hat{B}_d} \cos(\gamma - \omega t) \tag{3.19}$$

Diese Gleichung beschreibt ein Magnetfeld, welches cosinusförmig im Luftspalt verläuft. Das Maximum des Feldes bewegt sich mit der Winkelgeschwindigkeit ω, welche

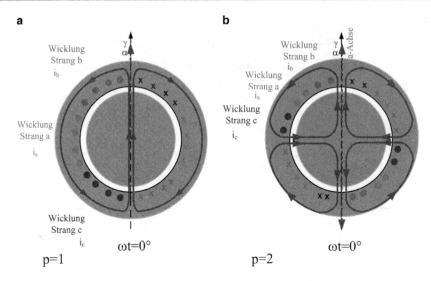

Abb. 3.6 Magnetisches Feld in einer Drehfeldmaschine bei einer Polpaarzahl $p = 1$ und einer Polpaarzahl $p = 2$

identisch mit der Kreisfrequenz der Ströme ist. Für $\omega t = 0°$ ergibt sich die Lage des Maximums aus

$$\cos(\gamma - 0) = 1 \rightarrow \gamma = 0 \tag{3.20}$$

und für $\omega t = 90° = \pi/2$

$$\cos(\gamma - \pi/2) = 1 \rightarrow \gamma = 90°. \tag{3.21}$$

In Abb. 3.5 ist der Verlauf des magnetischen Feldes für unterschiedliche Zeitpunkte eingezeichnet. Es ist zu erkennen, dass die Position des Scheitelwertes des magnetischen Feldes mit dem elektrischen Winkel ωt identisch ist. Das magnetische Feld im Luftspalt besitzt mit dieser Wicklungsanordnung einen Nord- und einen Südpol – also ein Polpaar $p = 1$.

Durch mehrfache Anordnung des dreisträngigen Wicklungssystems und Verschaltung der entsprechenden Strangwicklungen entstehen Maschinen mit höheren Polpaarzahlen. In Abb. 3.6 sind die Magnetfelder von Drehfeldmaschinen mit den Polpaarzahlen $p = 1$ und $p = 2$ dargestellt. Bei der Drehfeldmaschine mit $p = 2$ verteilt sich die Wicklung eines Stranges über einen Kreissektor von 30°. Werden diese Wicklungen von einem symmetrischen Drehstrom durchflossen, entsteht im Luftspalt ein Magnetfeld mit 2 Nord- und 2 Südpolen. Bei dieser Wicklungsanordnung dreht sich das magnetische Feld während der Periodendauer der Wicklungsströme um 180°. Die Drehfrequenz des Drehfeldes ist gegenüber der Wicklungsanordnung mit einem Polpaar ($p = 1$) auf die Hälfte abgesunken, obwohl die Frequenz der Strangströme unverändert geblieben ist.

Allgemein kann der Zusammenhang zwischen der Frequenz der Wicklungsströme, diese wird auch kurz elektrische Frequenz genannt, und der Drehzahl des magnetischen Drehfeldes über

$$n_S = \frac{f}{p} \tag{3.22}$$

berechnet werden. Diese Drehzahl wird synchrone Drehzahl n_S genannt.

3.3 Drehmoment und Baugröße

Die Berechnung des Drehmomentes einer Drehfeldmaschine soll hier mit den Grundwellen des Ständer-Drehfeldes

$$B_S(\gamma, t) = \hat{B}_S \cos(\gamma p_S - \omega_S t) \tag{3.23}$$

und des Rotor-Drehfeldes

$$B_R(\gamma, t) = \hat{B}_R \cos(\gamma p_R - \omega_R t + \vartheta_m \, p_R) \tag{3.24}$$

erfolgen [9]. Das Ständer-Drehfeld wird, wie im vorherigen Abschnitt gezeigt, durch Ströme, die in den Ständerwicklungen fließen hervorgerufen. Das Ständer-Drehfeld läuft mit der Winkelgeschwindigkeit ω_S/p_S um. Das rotorseitige Drehfeld kann entweder durch ein rotierenden magnetisches Gleichfeld oder durch Wechselströme, die in den Rotorwicklungen fließen, erzeugt werden. Mit der Winkelschwindigkeit ω_R/p_R dreht sich das Rotordrehfeld. Beide Drehfelder sind als Funktion des mechanischen Winkels γ zum Zeitpunkt $t = 0$ in Abb. 3.7 dargestellt. Zunächst sollen Polpaarzahlen und Kreisfrequenzen der einzelnen Drehfelder beliebig sein. Die beiden Drehfelder sollen um den Winkel ϑ_m räumlich versetzt drehen. Ständer- und Rotordrehfeld überlagern sich zu einem gemeinsamen magnetischen Feld in der Maschine. Da keine Sättigungseffekte berücksichtigt werden sollen, können beide Felder linear überlagert werden.

$$B(\gamma, t) = B_S(\gamma, t) + B_R(\gamma, t) \tag{3.25}$$

Wenn die Permeabilität des Eisens unendlich groß ist ($\mu_{Fe} \to \infty$), dann kann die magnetische Energie, die in der Maschine gespeichert ist, aus dem Magnetfeld im Luftspalt über

$$W_{mag} = \int_V \frac{B(\gamma, t)^2}{2\mu_0} dV \qquad \text{mit} \qquad dV = l\delta dx = l\delta \frac{D}{2} dy \tag{3.26}$$

berechnet werden. Das Volumen des Luftspaltes kann, wie in Abb. 3.7 skizziert, über die Dicke des Luftspaltes δ, der aktiven Länge l und den Durchmesser D mit $V = l\delta\frac{D}{2}2\pi$ berechnet werden.

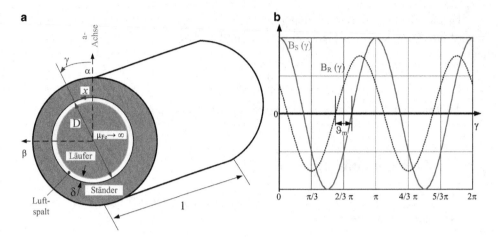

Abb. 3.7 a Skizze einer Drehfeldmaschine mit geometrischen Abmessungen und **b** Verlauf des Ständer- und Rotordrehfeldes im Luftspalt

Wird der Rotor um den Winkel $\partial\vartheta_m$ verdreht, ändert sich die magnetische Energie im Luftspalt ∂W_{mag}. Entsprechend dem Energieerhaltungssatz ist in einem abgeschlossenem System die Gesamtenergie konstant. Deshalb muss die Summe aus magnetischer und mechanischer Energieänderung gleich Null sein.

$$\partial W_{mag} + \partial W_{mech} = 0$$

Die mechanische Energieänderung berechnet sich aus ($\partial W_{mech} = M_i \partial \vartheta_m$). Damit kann das innere Moment der Drehfeldmaschine aus der partiellen Ableitung der magnetischen Energie W_{mag} nach dem Winkel ϑ_m berechnet werden.

$$M_i = -\frac{\partial W_{mag}}{\partial \vartheta_m} = \frac{\partial}{\partial \vartheta_m} \int_0^{2\pi} \frac{B(\gamma,t)^2}{2\mu_0} \cdot l \cdot \delta \cdot \frac{D}{2} \, d\gamma \tag{3.27}$$

Um diese Gleichung auszuwerten, wird zunächst mithilfe der Kettenregel differenziert.

$$M_i = -\frac{l \cdot \delta \cdot \frac{D}{2} \cdot p_R}{2\mu_0} \int_0^{2\pi} 2\left(B_S(\gamma,t) + B_R(\gamma,t)\right) \cdot \hat{B}_R \sin(\gamma p_R - \omega_R t + \vartheta_m p_R) \, d\gamma \tag{3.28}$$

Unter Berücksichtigung von $\int_0^{2\pi} \sin\alpha \cdot \cos\alpha \, d\alpha = 0$ vereinfacht sich das Integral zu

$$M_i = \frac{l \cdot \delta \cdot \frac{D}{2} \cdot p_R}{2\mu_0} \int_0^{2\pi} 2\hat{B}_S \cos(\gamma p_S - \omega_S t) \cdot \hat{B}_R \sin(\gamma p_R - \omega_R t + \vartheta_m p_R) \, d\gamma \tag{3.29}$$

Wird weiterhin das Additionstheorem

$$\sin\alpha \cdot \cos\beta = \frac{1}{2}\left(\sin(\alpha+\beta) + \sin(\alpha-\beta)\right)$$

verwendet, erhält man:

$$
M_i = \frac{l \cdot \delta \cdot \frac{D}{2} \cdot p_R}{2\mu_0} \, \hat{B}_S \hat{B}_R \int_0^{2\pi} \{ \sin\left(\gamma(p_R + p_S) - (\omega_R + \omega_S)t + \vartheta_m \, p_R\right)
$$
$$
+ \sin\left(\gamma(p_R - p_S) - (\omega_R - \omega_S)t + \vartheta_m \, p_R\right) \} \, d\gamma \tag{3.30}
$$

Zusätzlich gilt:

$$
\int_0^{2\pi} \sin(k\alpha + \beta) \, d\alpha = \begin{cases} 0 & \text{für} \quad k \neq 0 \\ 2\pi \sin\beta & \text{für} \quad k = 0 \end{cases}
$$

Da die Polpaarzahlen p_S und p_R ganze positive Zahlen sind, ist das erste Teilintegral von Gl. 3.30 immer gleich Null. Das zweite Teilintegral ist nur dann ungleich Null, wenn das Ständer- und das Rotordrehfeld gleiche Polpaarzahlen aufweisen ($p = p_S = p_R$). Mit diesen Voraussetzungen ergibt sich für das innere Moment einer Drehfeldmaschine folgender Ausdruck:

$$
M_i = \frac{l \delta D \pi p}{2\mu_0} \hat{B}_S \hat{B}_R \cdot \sin\left(\vartheta_m p + (\omega_S - \omega_R)t\right) \tag{3.31}
$$

Wenn $\omega_S \neq \omega_R$ ist, entsteht ein zeitlich sich sinusförmig änderndes Drehmoment. Das Moment pendelt um Null und wird deshalb Pendelmoment genannt. Nur wenn die Kreisfrequenzen und die Polpaarzahlen beider Drehfelder übereinstimmen, kann die Drehfeldmaschine bei einem Verschiebungswinkel $\vartheta_m \neq 0$ ein zeitlich konstantes Drehmoment aufbauen.

$$
M_i = \frac{l \delta D \pi p}{2\mu_0} \hat{B}_S \hat{B}_R \cdot \sin\left(\vartheta_m p\right) \tag{3.32}
$$

Das Drehmoment ist somit proportional zum Produkt der Amplituden der Flussdichten sowie zum Sinus des Verschiebungswinkels $\vartheta_m p$ zwischen Ständer- und Rotordrehfeld. Der Verschiebungwinkel $\vartheta_m p$ kennzeichnet eindeutig, wie später noch gezeigt wird, die Betriebspunkte von Drehfeldmaschinen. Ist der Verschiebungswinkel Null, ist auch das Drehmoment gleich Null. Das maximale Moment, das so genannte Kippmoment, wird bei einem Verschiebungswinkel $\vartheta_m = \pm \frac{\pi}{2p}$ erreicht. Die Maschine arbeitet als Motor, wenn das Ständerdrehfeld gegenüber dem Rotordrehfeld in Drehrichtung voreilend ist. Im generatorischen Betrieb eilt das Rotordrehfeld dem Ständerdrehfeld voraus.

Das magnetische Drehfeld $B_S(\gamma t)$ wird über Ströme in den Ständerwicklungen aufgebaut. Wie bereits in Gl. 3.5 gezeigt, erhält man den Verlauf der Flussdichte im Luftspalt über das Integral des Strombelags $A(\gamma, t)$. Entsprechend kann aus der Ableitung der vorgegebenen Flussdichte der zugehörige Strombelag berechnet werden.

$$
A_S(\gamma, t) = \frac{\delta}{\mu_0} \frac{d}{dx} B_S(x) = \frac{\delta}{\mu_0} \frac{1}{\frac{D}{2}} \frac{d}{d\gamma} B_S(\gamma)
$$
$$
= - \underbrace{\frac{\delta}{\mu_0} \cdot \frac{1}{\frac{D}{2}} \cdot p \cdot \hat{B}_S}_{\hat{A}_S} \sin(\gamma p - \omega t) \tag{3.33}
$$

Wie aus der oberen Gleichung zu erkennen, ist die Amplitude der Flussdichte $\hat{B}_S$ proportional zu der Amplitude des Ständer-Strombelags $\hat{A}_S$. Wird dieser Zusammenhang genutzt und in Gl. 3.32 eingesetzt, erhält man das so genannte Wachstumsgesetz für Drehfeldmaschinen:

$$M_i \sim l \cdot \underbrace{\left(\frac{D}{2}\right)^2 \pi}_{A} \cdot \hat{A}_S \cdot \hat{B}_R = l \cdot A \cdot \hat{A}_S \cdot \hat{B}_R = V \cdot \hat{A}_S \cdot \hat{B}_R \qquad (3.34)$$

Dieses Wachstumsgesetz sagt aus, dass die Baugröße (V : Volumen der Bohrung) einer elektrischen Maschine durch das Drehmoment bestimmt wird. Die Amplitude des Strombelags sowie die Amplitude der Flussdichte sind durch die eingesetzte Motortechnologie, wie z. B. Kühltechnik, Eisenblech, begrenzt.

Die Leistung einer Drehfeldmaschine kann unabhängig von der Baugröße über die Drehzahl erhöht werden ($P = 2\pi n M_i$).

Zusammenfassung

Damit sich ein symmetrisches Drehfeld mit der Polpaarzahl p in einer Maschine mit m-Strängen ausbildet, müssen folgende Bedingungen erfüllt werden:

- Die Wicklungen der m-Stränge müssen um den Winkel $2\pi/(m \cdot p)$ räumlich versetzt in der Maschine angeordnet werden.
- Die Wicklungsströme müssen die gleiche Amplitude besitzen und um den Winkel $2\pi/m$ gegeneinander phasenverschoben sein.

Das erforderliche Drehmoment bestimmt die Baugröße einer Maschine. Die Leistung einer Maschine steigt proportional mit der Drehzahl an und kann deshalb unabhängig von der Baugröße gesteigert werden.

3.4   Übungsaufgaben

Übung 3.1
Skizzieren Sie die magnetischen Feldlinien in Abb. 3.2.

Übung 3.2
Drehfeldwicklungen mit unterschiedlichen Polpaarzahlen werden von einem symmetrischen Drehspannungsnetz mit einer Frequenz von $f = 50\,\text{Hz}$ versorgt. Tragen Sie in Tab. 3.1 die zugehörigen synchronen Drehzahlen ein.

Tab. 3.1 Synchrone Drehzahlen

p	1	2	3	4
n_S 1/min				

Übung 3.3

Berechnen und Skizzieren Sie das magnetische Feld im Luftspalt einer Maschine mit nur einer Wicklung. Dabei kann die Permeabilität des Eisens als unendlich groß angenommen werden.

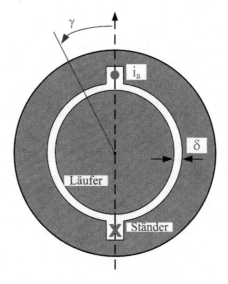

Raumzeiger

4

Raumzeiger eignen sich zur Beschreibung des Betriebsverhaltens von Drehfeldmaschinen [13]. Insbesondere können moderne Regelverfahren für Drehfeldmaschinen mithilfe der Raumzeiger anschaulich dargestellt werden. In diesem Abschnitt wird der notwendige theoretische Hintergrund erläutert sowie die Vorteile der Raumzeigerrechnung an Beispielen verdeutlicht.

4.1 Definition der Raumzeiger

Grundsätzlich lassen sich drei linear abhängige Größen immer durch zwei linear unabhängige Größen darstellen. Bei Raumzeigern werden diese linear unabhängigen Größen als Real- und Imaginärteil aufgefasst. Dadurch kann beim Rechnen mit Raumzeigern auf die bekannten Rechenregeln und Darstellungsmöglichkeiten der komplexen Zahlen zurückgegriffen werden. Für ein Drehstromsystem nach Abb. 4.1a gilt die Knotengleichung für beliebige Zeitpunkte

$$i_a(t) + i_b(t) + i_c(t) = 0 . \tag{4.1}$$

Die drei zeitabhängigen Strangströme lassen sich durch die linear unabhängigen Ströme i_α und i_β darstellen. Diese beiden Größen werden zu einer komplexen Größe

$$\underrightarrow{i} = i_\alpha + j i_\beta = \frac{2}{3}\left(i_a + a i_b + a^2 i_c\right) \quad \text{mit} \quad a = e^{j120°} \tag{4.2}$$

zusammengefasst, um die Rechenregeln und die Darstellungsmöglichkeiten der komplexen Zahlen zu nutzen. Der Vorfaktor $\frac{2}{3}$ ist ein Skalierungsfaktor und kann frei gewählt werden. In der Fachliteratur findet man unterschiedliche Skalierungsfaktoren. Hier wurde der Vorfaktor so gewählt, dass der Realteil des Raumzeigers gleich der Größe im Strang a ist.

J. Teigelkötter, *Energieeffiziente elektrische Antriebe*, DOI 10.1007/978-3-8348-2330-4_4,
© Vieweg+Teubner Verlag | Springer Fachmedien Wiesbaden 2013

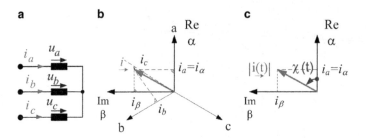

Abb. 4.1 Drehstromschaltung mit dem zugehörigen Raumzeiger in der komplexen Ebene

Beliebige Stranggrößen, wie Spannungen $u_a(t), u_b(t), u_c(t)$ oder Flussverkettungen $\psi_a(t), \psi_b(t), \psi_c(t)$ können als Raumzeiger dargestellt werden. Hier werden exemplarisch die Rechenvorschriften an Strom-Raumzeigern erläutert.

Ein Raumzeiger kann in einer komplexen Ebene dargestellt werden, dabei zeigt die reelle Achse nach oben und die imaginäre Achse nach links (siehe Abb. 4.1b).

Mit den Drehoperatoren $a = e^{j120°} = -\frac{1}{2} + j\frac{\sqrt{3}}{2}$ und $a^2 = e^{j240°} = -\frac{1}{2} - j\frac{\sqrt{3}}{2}$ und der Gl. 4.2 berechnen sich die α- und β-Koordinaten des Raumzeigers zu

$$i_\alpha = \frac{2}{3}\left(i_a - \frac{i_b + i_c}{2}\right) \quad i_\beta = \frac{1}{\sqrt{3}}(i_b - i_c) \tag{4.3}$$

Wenn $i_a(t) + i_b(t) + i_c(t) = 0$ gilt, dann ist der Realteil des Raumzeigers gleich dem Strom im Strang a ($i_\alpha = i_a$). Da ein Raumzeiger eine komplexe Größe ist, kann dieser auch mit Polarkoordinaten also durch Betrag und Winkel eindeutig dargestellt werden.

$$\underset{\rightarrow}{i} = \left|\underset{\rightarrow}{i}\right| e^{j\chi(t)} \tag{4.4}$$

Wenn die Summe der Stranggrößen ungleich null ist ($\underset{\sim a}{i} + \underset{\sim b}{i} + \underset{\sim c}{i} \neq 0$), dann besitzen die Stranggrößen ein Nullsystem. Die Stranggrößen mit Nullsystem ($\underset{\sim a}{i}, \underset{\sim b}{i}, \underset{\sim c}{i}$) können in nullsystemfreie Größen (i_a, i_b, i_c) und dem Nullsystem i_0 zerlegt werden:

$$\underset{\sim v}{i} = i_v + i_0 \quad \text{mit} \quad v = a, b, c \tag{4.5}$$

Das Nullsystem der Drehstromgrößen berechnet sich aus

$$i_0 = \frac{1}{3}\left(\underset{\sim a}{i} + \underset{\sim b}{i} + \underset{\sim c}{i}\right). \tag{4.6}$$

Bei der Umwandlung von drei Stranggrößen $\underset{\sim v}{i} = i_v + i_0$ mit Gl. 4.2 in eine Raumzeigergröße

$$\underset{\rightarrow}{i} = \frac{2}{3}(i_a + a i_b + a^2 i_c) + \frac{2}{3}i_0(1 + a + a^2) \tag{4.7}$$

geht ein mögliches Nullsystem verloren, da $(1 + a + a^2) = 0$. Nullsysteme fallen also bei der Berechnung eines Raumzeigers heraus.

Die Berechnungsvorschrift für Raumzeiger aus Stranggrößen mit einem Nullsystem kann auch übersichtlich in Matrixschreibweise angegeben werden:

$$\begin{pmatrix} i_\alpha \\ i_\beta \\ i_0 \end{pmatrix} = \begin{pmatrix} \frac{2}{3} & -\frac{1}{3} & -\frac{1}{3} \\ 0 & \frac{1}{\sqrt{3}} & -\frac{1}{\sqrt{3}} \\ \frac{1}{3} & \frac{1}{3} & \frac{1}{3} \end{pmatrix} \begin{pmatrix} i_{\sim a} \\ i_{\sim b} \\ i_{\sim c} \end{pmatrix} \tag{4.8}$$

Falls die Stranggrößen kein Nullsystem besitzen, kann die folgende einfachere Umrechnung verwendet werden:

$$\begin{pmatrix} i_\alpha \\ i_\beta \end{pmatrix} = \begin{pmatrix} 1 & 0 & 0 \\ 0 & \frac{1}{\sqrt{3}} & -\frac{1}{\sqrt{3}} \end{pmatrix} \begin{pmatrix} i_a \\ i_b \\ i_c \end{pmatrix} \tag{4.9}$$

Wenn kein Nullsystem zu berücksichtigen ist, können aus den Koordinaten des Raumzeigers die Stranggrößen berechnet werden:

$$\begin{pmatrix} i_a \\ i_b \\ i_c \end{pmatrix} = \begin{pmatrix} 1 & 0 \\ -\frac{1}{2} & \frac{\sqrt{3}}{2} \\ -\frac{1}{2} & -\frac{\sqrt{3}}{2} \end{pmatrix} \begin{pmatrix} i_\alpha \\ i_\beta \end{pmatrix} \tag{4.10}$$

Muss ein Nullsystem berücksichtigt werden, so ist die folgende Umrechnung zu verwenden:

$$\begin{pmatrix} i_{\sim a} \\ i_{\sim b} \\ i_{\sim c} \end{pmatrix} = \begin{pmatrix} 1 & 0 & 1 \\ -\frac{1}{2} & \frac{\sqrt{3}}{2} & 1 \\ -\frac{1}{2} & -\frac{\sqrt{3}}{2} & 1 \end{pmatrix} \begin{pmatrix} i_\alpha \\ i_\beta \\ i_0 \end{pmatrix} \tag{4.11}$$

Sollen folgende Stranggrößen

$$\begin{aligned} i_a &= \hat{i}\cos(\omega t - \varphi) \\ i_b &= \hat{i}\cos(\omega t - 120° - \varphi) \\ i_c &= \hat{i}\cos(\omega t - 240° - \varphi) \end{aligned} \tag{4.12}$$

als Raumzeiger dargestellt werden, so ist es günstig zunächst mit

$$\cos\chi = \frac{1}{2} \cdot \left(e^{j\chi} + e^{-j\chi} \right)$$

die cos-Funktionen durch e-Funktionen zu beschreiben und danach mit der Gl. 4.2 die Umwandlung vorzunehmen. Damit kann dieser symmetrische Drehstrom als Raumzeiger mit:

$$\underset{\rightarrow}{i} = \hat{i} \cdot e^{j(\omega t - \varphi)} \tag{4.13}$$

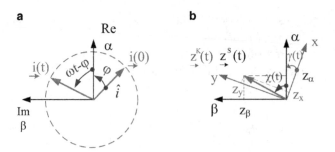

Abb. 4.2 **a** Bahnkurve eines Raumzeigers und **b** Raumzeiger im rotierenden Koordinatensystem

dargestellt werden. Dabei entspricht die Amplitude der Stranggrößen der Zeigerlänge. Dieser Raumzeiger rotiert mit der Kreisfrequenz ω in der komplexen Ebene. Die Trajektorie oder auch Bahnkurve dieses Zeigers ist in Abb. 4.2a dargestellt. Die Bahnkurve eines Raumzeigers wird durch die Zeit t parametrisiert, wodurch seine Lage zu jedem Zeitpunkt eindeutig bestimmt ist.

4.2   Rotierende Koordinatensysteme

In manchen Anwendungsfällen kann der Rechenaufwand reduziert und die Anschaulichkeit der gewonnen Ergebnisse verbessert werden, wenn die Raumzeiger in rotierenden Koordinatensystemen dargestellt werden. Bei den bisherigen Betrachtungen war das Koordinatensystem mit den α- und β-Achsen ruhend. Jetzt sollen Raumzeiger in einem x,y-Koordiantensystem betrachtet werden, dass gegenüber dem ursprünglichen α,β-Koordinatensystem um einen beliebigen zeitabhängigen Winkel $\gamma(t)$ gedreht ist. Der Raumzeiger im ruhenden Koordinatensystem wird mit einem hochgestelltem S gekennzeichnet:

$$\underset{\rightarrow}{z}^{S} = \left| \underset{\rightarrow}{z} \right| e^{j\chi(t)}$$

Nach Abb. 4.2b kann der Raumzeiger auch in dem x,y-Koordinatensystem dargestellt werden, dies wird mit einem hochgestelltem K gekennzeichnet. Dabei muss zum Winkelargument von $\underset{\rightarrow}{z}$ lediglich der Verdrehwinkel $\gamma(t)$ addiert werden.

$$\underset{\rightarrow}{z}^{K} = \left| \underset{\rightarrow}{z} \right| e^{j(\chi(t)+\gamma(t))}$$

$\underset{\rightarrow}{z}^{S}$ und $\underset{\rightarrow}{z}^{K}$ beschreiben somit denselben Raumzeiger, aber in unterschiedlichen Koordinatensystemen. Es folgt also für den Übergang von einem ruhenden in ein rotierendes Koordinatensystem:

$$\underset{\rightarrow}{z}^{K} = \underset{\rightarrow}{z}^{S} \cdot e^{j\gamma} \tag{4.14}$$

Daraus ergibt sich umgekehrt der Zusammenhang

$$\underset{\rightarrow}{z}^{S} = \underset{\rightarrow}{z}^{K} \cdot e^{-j\gamma} \tag{4.15}$$

für den Übergang vom rotierenden auf das ruhende Koordinatensystem. Die Differentiation des Raumzeigers nach der Zeit liefert über die Produktregel folgenden Zusammenhang:

$$\underset{\rightarrow}{\dot{z}}^{S} = \underset{\rightarrow}{\dot{z}}^{K} \cdot e^{-j\gamma} - j\dot{\gamma}\, \underset{\rightarrow}{z}^{K} \cdot e^{-j\gamma} = \left(\underset{\rightarrow}{\dot{z}}^{K} - j\dot{\gamma}\, \underset{\rightarrow}{z}^{K} \right) e^{-j\gamma} \tag{4.16}$$

Wenn sich das rotierende Koordinatensystem mit konstanter Winkelgeschwindigkeit $\dot{\gamma} = \omega$ dreht, dann ergibt sich für die Ableitung:

$$\underset{\rightarrow}{\dot{z}}^{S} = \left(\underset{\rightarrow}{\dot{z}}^{K} - j\omega\, \underset{\rightarrow}{z}^{K} \right) e^{-j\omega t} \tag{4.17}$$

Bei der Differentiation von Raumzeigern muss somit sowohl die zeitvariante Amplitude als auch der zeitvariante Drehwinkel $\gamma(t)$ berücksichtigt werden.

4.3 Leistungsbeziehungen

In diesem Abschnitt sollen die Leistungsbeziehungen für Drehstromverbraucher und Erzeuger durch Raumzeiger dargestellt werden. Um allgemeingültige Aussagen zu erhalten, wird zunächst bei allen Stranggößen ein Nullsystem berücksichtigt. Zur weiteren Berechnung soll ein 4-Leiter-System entsprechend Abb. 4.3a verwendet werden. Die Nullsysteme der Quellspannungen und der Leiterströme können dabei über

$$u_0(t) = \frac{1}{3} \left(\underset{\sim a}{u} + \underset{\sim b}{u} + \underset{\sim c}{u} \right) \quad \text{und} \quad i_0(t) = \frac{1}{3} \left(\underset{\sim a}{i} + \underset{\sim b}{i} + \underset{\sim c}{i} \right)$$

berechnet werden.

Die gesamte Augenblicksleistung, die von der Last aufgenommen wird, berechnet sich aus der Summe der Leistungen, welche die einzelnen Quellen abgeben:

$$p_\Sigma(t) = \sum_\nu \underset{\sim \nu}{u} \cdot \underset{\sim \nu}{i} \quad \text{mit} \quad \nu = a, b, c \tag{4.18}$$

Werden nun die Stranggrößen durch die Summe aus der nullsystemfreien Komponente und dem zugehörigen Nullsystem beschrieben und dabei berücksichtigt, dass die Summen der nullsystemfreien Komponenten $u_a + u_b + u_c = 0$ und $i_a + i_b + i_c = 0$ jeweils null ergeben, so kann die gesamte Augenblicksleistung aus der Summe

$$p_\Sigma(t) = \underbrace{u_a(t)i_a(t) + u_b(t)i_b(t) + u_c(t)i_c(t)}_{p(t) \text{ Raumzeigerleistung}} + \underbrace{3u_0 i_0}_{\text{Nullsystemleistung}} \tag{4.19}$$

Abb. 4.3 Drehstromlast an
einem 4-Leiter-Drehstromnetz

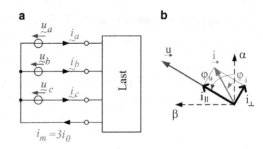

der Raumzeigerleistung $p(t)$ und der Nullsystemleistung berechnet werden. Die Raumzeigerleistung kann in Anlehnung zur Leistungsberechnung in der komplexen Wechselstromrechnung aus dem Spannungsraumzeiger $\underset{\rightarrow}{u} = \frac{2}{3}(u_a + au_b + a^2 u_c)$ und dem konjugiert komplexen Stromraumzeiger $\underset{\rightarrow}{i^*} = \frac{2}{3}(i_a + a^2 i_b + ai_c)$ berechnet werden.

$$p(t) = \frac{3}{2}\mathrm{Re}\left\{\underset{\rightarrow}{u}(t)\,\underset{\rightarrow}{i^*}(t)\right\} = \frac{3}{2}\left(u_\alpha i_\alpha + u_\beta i_\beta\right) \tag{4.20}$$

Die Raumzeigerleistung kann auch aus dem Produkt der Beträge der Strom- und Spannungszeiger sowie dem Kosinus des eingeschlossenen Winkels berechnet werden.

$$p(t) = \frac{3}{2} \cdot \mathrm{Re}\left\{\underset{\rightarrow}{u}(t) \cdot \underset{\rightarrow}{i^*}(t)\right\} = \frac{3}{2} \cdot \mathrm{Re}\left\{\left|\underset{\rightarrow}{u}\right| \cdot \left|\underset{\rightarrow}{i}\right| e^{j(\varphi_u - \varphi_i)}\right\}$$
$$= \frac{3}{2} \cdot \left|\underset{\rightarrow}{u}\right| \cdot \left|\underset{\rightarrow}{i}\right| \cdot \cos(\varphi_u - \varphi_i) \tag{4.21}$$

Speist eine symmetrische Drehspannungsquelle eine symmtrische Last, so rotieren im eingeschwungenem Zustand Spannungs- und Stromraumzeiger mit konstanter Winkelgeschwindigkeit auf einer Kreisbahn. In diesem Fall ist die Raumzeigerleistung unabhängig von der Zeit $p(t) = konst.$ und entspricht der Wirkleistung, die über $P = \frac{3}{2} \hat{u}\,\hat{i}\cos(\varphi_u - \varphi_u)$ berechnet wird.

Der Stromzeiger lässt sich in jedem Augenblick algebraisch in eine Komponente in Richtung des Spannungszeigers (Parallelstrom) $i_\| = \left|\underset{\rightarrow}{i}\right|\cos(\varphi_u - \varphi_i)$ und in eine Komponente senkrecht zur Richtung des Spannungszeigers (Transversalstrom) $i_\perp = \left|\underset{\rightarrow}{i}\right|\sin(\varphi_u - \varphi_i)$ zerlegen (siehe Abb. 4.3b. Nur der Parallelstrom $i_\|$ trägt zur Raumzeigerleistung $p(t)$ bei. Der Transversalstrom $i_\perp$ liefert dazu keinen Beitrag. Lediglich Blindleistung wird der Transversalstrom im stationären Zustand verursachen. Deshalb soll die Leistung, die der Transversalstrom $i_\perp$ mit der Spannung bildet, Augenblicksblindleistung $q(t)$ genannt werden.

$$q(t) = \frac{3}{2}\left|\underset{\rightarrow}{u}(t)\right| i_\perp(t) = \frac{3}{2}\mathrm{Im}\left\{\underset{\rightarrow}{u}(t)\,\underset{\rightarrow}{i^*}(t)\right\} = \frac{3}{2}\left(u_\beta i_\alpha - u_\alpha i_\beta\right) \tag{4.22}$$

Die Augenblicksblindleistung $q(t)$ kann somit ebenso wie die Raumzeigerleistung $p(t)$ einfach aus den α- und β-Komponenten des Spannungs- und des Stromraumzeigers berechnet werden. Im eingeschwungenem Zustand bei symmetrischer Quelle und symmetrischem Verbraucher ist die Augenblicksblindleistung konstant und entspricht der bekannten Blindleistung, die über $Q = \frac{3}{2}\,\hat{u}\,\hat{i}\sin(\varphi_u - \varphi_i)$ berechnet wird.

4.4 Steuerung der Wirk- und Blindleistung

Um die wesentlichen Prinzipien zur Steuerung der Wirk- und Blindleistung in der Energietechnik zu verstehen, soll eine Drehfeldmaschine am idealen Pulswechselrichter betrachtet werden. Das Raumzeiger-Ersatzschaltbild dieser Anordnung ist in Abb. 4.4a dargestellt. Der Pulswechselrichter formt, wie in Kap. 5 noch gezeigt wird, aus einer Gleichspannung U_d ein Drehspannungssystem $\vec{e}$, dessen Amplitude und Frequenz variabel einstellbar sind. Die Drehfeldmaschine, deren Aufbau in Kapitel 3 beschrieben wurde, soll hier durch eine Induktivität L und eine Drehspannungsquelle $\vec{u}$ beschrieben werden.

Bei diesen Überlegungen soll der quasistationäre Zustand nur mit Grundschwingungsgrößen betrachtet werden. Deshalb können alle Größen der Schaltung als Raumzeiger mit konstanten Amplituden und gleicher Kreisfrequenz dargestellt werden. Aus der Maschengleichung

$$\vec{e} = \vec{u}_L + \vec{u} \tag{4.23}$$

mit der Bauelementgleichung $\vec{u}_L = L \cdot \frac{d\,\vec{i}}{d\,t}$ und der Bedingung für den stationären Zustand $\vec{i} = \hat{i} \cdot e^{j(\omega t + \varphi_i)}$ erhält man die Beziehung:

$$\vec{e} = j\omega L \cdot \vec{i} + \vec{u} \tag{4.24}$$

Damit kann der quasistationäre Stromraumzeiger

$$\vec{i} = \frac{\vec{e} - \vec{u}}{j\omega L} \tag{4.25}$$

aus der Differenz der Spannungszeiger dividiert durch die Reaktanz der Induktivität berechnet werden. Das dazu passende Raumzeigerdiagramm ist in Abb. 4.4b dargestellt. Werden nun die Zeigergrößen in ein rotierendes Koordinatensystem – dessen reelle Achse in Richtung der Spannung $\vec{e}$ des Pulswechselrichters liegt – übertragen, kann der Stromzeiger über

$$\vec{i}^K = \frac{\hat{e} - \hat{u} \cdot e^{-j\delta}}{j\omega L} = \frac{\hat{u} \cdot \sin\delta}{\omega L} - j\frac{\hat{e} - \hat{u}\cos\delta}{\omega L} \tag{4.26}$$

berechnet werden. Somit berechnet sich die vom Pulsstromrichter abgegebene Wirkleistung zu:

$$P = p(t) = \frac{3}{2}\mathrm{Re}\left\{\vec{e}^K \cdot \vec{i}^{K*}\right\} = \frac{3}{2}\frac{\hat{e} \cdot \hat{u} \cdot \sin\delta}{\omega L} \tag{4.27}$$

Abb. 4.4 Leistungssteuerung
mit einem Pulswechselrichter
(PWR) **a** Ersatzschaltung und
b Raumzeigerdiagramm

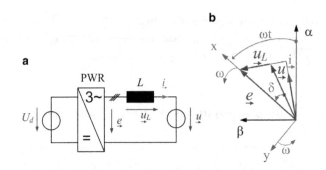

Die Wirkleistung lässt sich über den Phasenverschiebungswinkel δ, der von der Stromrichterspannung $\underset{\rightarrow}{e}$ und der Spannung der Drehfeldmaschine u eingeschlossen wird, steuern. Besitzen beide Raumzeiger die gleiche Lage, so ist die Wirkleistung unabhängig von den Beträgen der Spannungen immer gleich Null. Eine Wirkleistung kann nur ausgetauscht werden, wenn $\delta \neq 0$. Eilt die Spannung $\underset{\rightarrow}{e}$ des Pulswechselrichter der Spannung u voraus ($\delta > 0$), so liefert der Pulswechselrichter Wirkleistung. Ist der Phasenverschiebungswinkel negativ ($\delta < 0$), so arbeitet die Drehfeldmaschine als Generator und liefert Wirkleistung.

Entsprechend kann die Blindleistung, die der Pulswechselrichter an die Drehfeldmaschine liefert, berechnet werden.

$$Q = q(t) = \frac{3}{2}\text{Im}\left\{ \underset{\rightarrow}{e}^{K} \cdot \underset{\rightarrow}{i}^{K *}\right\} = \frac{3}{2}\frac{\hat{e}^2 - \hat{e}\cdot\hat{u}\cdot\cos\delta}{\omega L} \qquad (4.28)$$

Die Blindleistung wird maßgeblich über die Differenz der Spannungsbeträge beeinflusst. Ist die Spannung $\underset{\rightarrow}{e}$ größer als die Spannung u, so liefert der Pulsstromrichter induktive Blindleistung. Wenn die Spannung $\underset{\rightarrow}{e}$ kleiner als die Spannung u ist, nimmt der Pulsstromrichter induktive Blindleistung auf.

4.5 Berechnung eines Ausgleichsvorgangs

Um die Anwendung der Raumzeigerrechnung bei der Analyse von Ausgleichvorgängen bei Drehstromanwendungen zu zeigen, soll hier nun das Einschalten eines ohmsch-induktiven Verbrauchers, z. B. eines Transformators, vorgeführt werden. Die dreiphasige Ersatzschaltung ist in Abb. 4.5a dargestellt. Die drei Spannungsquellen bilden ein symmetrisches Drehspannungssystem, das bei $t = 0$ auf den symmetrischen Drehstromverbraucher geschaltet wird. Wenn die Spannungen und Ströme als Raumzeiger dargestellt werden, kann mit einem einphasigen Ersatzschaltbild entsprechend Abb. 4.5b die Schaltung dargestellt werden.

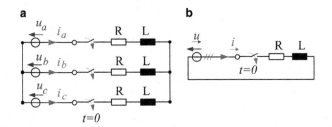

Abb. 4.5 Ersatzschaltbilder zum Einschaltvorgang **a** dreiphasiges und **b** Raumzeiger-Ersatzschaltbild

Mit Hilfe der Bauelementgleichungen $\underset{\rightarrow}{u}_R = R \cdot \underset{\rightarrow}{i}$ und $\underset{\rightarrow}{\psi} = L \cdot \underset{\rightarrow}{i}$ sowie $\underset{\rightarrow}{\dot{\psi}} = \underset{\rightarrow}{u}_L$ kann die Maschengleichung aufgestellt werden.

$$\underset{\rightarrow}{u} = \underset{\rightarrow}{u}_R + \underset{\rightarrow}{u}_L = R \cdot \underset{\rightarrow}{i} + \underset{\rightarrow}{\dot{\psi}} \tag{4.29}$$

Daraus ergibt sich eine Differentialgleichung erster Ordnung, welche diese Schaltung beschreibt. Dabei wird als Zustandsgröße die magnetische Flussverkettung $\underset{\rightarrow}{\psi}$ gewählt.

$$\underset{\rightarrow}{\dot{\psi}} + \frac{R}{L} \underset{\rightarrow}{\psi} = \underset{\rightarrow}{u} = \hat{u} \cdot e^{j\omega t} \tag{4.30}$$

Über den Ansatz $\underset{\rightarrow h}{\psi} = k_1 e^{-k_2 t}$ erhält man die homogene Lösung dieser Differentialgleichung:

$$\underset{\rightarrow h}{\psi} = k_1 e^{-t/\tau} \quad \text{mit } \tau = \frac{L}{R} \tag{4.31}$$

Eine partikuläre Lösung dieser Differentialgleichung ergibt sich über den Ansatz „der rechten Seite" mit $\underset{\rightarrow p}{\psi} = P \cdot e^{j\omega t}$ zu:

$$\underset{\rightarrow p}{\psi} = \frac{\hat{u}}{\frac{1}{\tau} + j\omega} e^{j\omega t} \tag{4.32}$$

Die allgemeine Lösung der Differentialgleichung ergibt sich aus der Addition der homogenen und der partikulären Lösung. Unter Berücksichtigung der Anfangsbedingung, die sich aus dem Zustand der Energiespeicher im Schaltaugenblick bei $t = 0$ zu $\underset{\rightarrow}{\psi}(t = 0) = 0$ ergibt, kann die Konstante k_1 der homogenen Lösung bestimmt werden.

$$\underset{\rightarrow}{\psi}(t) = \frac{\hat{u}}{\frac{1}{\tau} + j\omega} \left(e^{j\omega t} - e^{-\frac{t}{\tau}} \right) \tag{4.33}$$

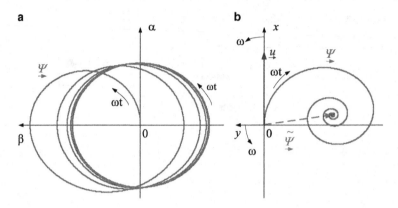

Abb. 4.6 Flussraumzeiger für den Einschaltvorgang **a** Bahnkurve in ruhenden Koordinaten und **b** in rotierenden Koordinaten

Abbildung 4.6a zeigt die Bahnkurve des Flussraumzeigers in einem ruhenden α,β-Koordinatensystem für die ersten Perioden des Einschaltvorgangs. Man erkennt, dass der Startpunkt im Ursprung des Koordinatensystems liegt. Von dort aus folgt die Spitze des Flussraumzeigers einer Spiralbahn. Im eingeschwungenen Zustand verläuft der Flussraumzeiger auf einer Kreisbahn mit dem Ursprung als Mittelpunkt. Damit ist im eingeschwungenen Zustand der magnetische Fluss eine reine Wechselgröße ohne Gleichanteil.

In Abb. 4.6b werden die Raumzeiger in einem rotierenden Koordinatensystem dargestellt. Wenn die betreffenden Raumzeigergrößen mit dem Drehoperator $e^{-j\omega t}$ multipliziert werden, stellt man diese in ein mit der Kreisfrequenz ω rotierendes Koordinatensystem dar. Der Spannungsraumzeiger liegt dann auf der rotierenden x-Achse. Der Flussraumzeiger durchläuft eine Spiralbahn, deren Zentrum der Flussraumzeiger $\tilde{\vec{\psi}}$ ist. Dieser Flussraumzeiger beschreibt den eingeschwungenen Zustand.

Die Phasenverschiebung zwischen dem Spannungsraumzeiger und dem Flussraumzeiger beträgt im eingeschwungenen Zustand hier weniger als 90°. Diese Information für den eingeschwungenen Zustand ist aus Abb. 4.6a im ruhenden Koordinatensystem ohne weitere Hilfslinien nicht ablesbar.

Zusammenfassung

Mithilfe der Raumzeigerrechnung können elektrische und magnetische Größen in Drehstromverbrauchern berechnet und anschaulich dargestellt werden. Dabei werden die drei Stranggrößen mit einer komplexen Zahl beschrieben, die als Zeiger in der komplexen Ebene dargestellt wird.

Die eingeführten Leistungsgrößen $p(t)$ für die Raumzeigerleistung sowie $q(t)$ für die Augenblicksblindleistung können aus den Augenblickswerten von Spannungs- und Stromraumzeiger algebraisch berechnet werden. Im eingeschwungenen Zustand entsprechen diese Leistungsgrößen der Wirkleistung P sowie der Blindleistung Q.

4.6 Übungsaufgaben

Übung 4.1

Konstruieren Sie den Raumzeiger, wenn die Strangströme folgende Augenblickswerte besitzen: $i_a = 8,66\,\text{A}$, $i_b = 0\,\text{A}$ und $i_c = -8.66\,\text{A}$. Berechnen Sie die Amplitude und den Winkel des Raumzeigers.

Übung 4.2

Zeigen Sie, dass ein symmetrischer Drehstrom durch den Raumzeiger nach Gl. 4.13 beschrieben werden kann.

Übung 4.3

Übertragen Sie den Strom-Raumzeiger nach Gl. 4.13 in ein rotierendes Koordinatensystem, welches gegenüber dem ruhenden Koordinatensystem um den Winkel $\gamma = \omega t$ verdreht ist.

Übung 4.4

Ein Pulswechselrichter speist entsprechend Abb. 4.4 eine Drefeldmaschine. Bestimmen Sie die Spannung $\underset{\rightarrow}{e}$ so, dass der Pulswechselrichter keine Blindleistung abgibt. Welche Wirkleistung liefert dann der Pulswechselrichter?

Die Zahlenwerte lauten:

$L = 5\,\text{mH}$, $f = 50\,\text{Hz}$, $\hat{\imath} = 100\,\text{A}$ und $\hat{u} = 300\,\text{V}$.

Übung 4.5

Berechnen Sie den Zeitverlauf des Stromraumzeigers beim Einschalten eines ohmsch-induktiven Verbrauchers entsprechend der Schaltung in Abb. 4.5. Die Drehspannungen werden durch den Raumzeiger $\underset{\rightarrow}{u} = \hat{u} \cdot e^{j(\omega t + \gamma_0)}$ beschrieben. Vergleichen Sie den Stromraumzeiger im eingeschwungenen Zustand mit dem komplexen Effektivwertzeiger, der mithilfe der komplexen Wechselstromrechnung ermittelt wird.

Die Zahlenwerte lauten:

$\hat{u} = \sqrt{2} \cdot 230\,\text{V}$, $\quad \gamma_0 = 30°$, $\quad R = 15\,\Omega$, $\quad L = 100\,\text{mH}$, $\quad \omega = 2\pi \cdot 50\,\frac{1}{s}$

Pulswechselrichter

5

Um Drehfeldmaschinen mit einer frequenzvariablen Spannung zu versorgen, werden meistens Pulswechselrichter mit eingeprägter Zwischenkreisspannung verwendet. Im Leistungsbereich bis etwa 3 MW werden die Umrichter häufig als Zweipunkt-Wechselrichter ausgeführt. Bei höheren Leistungen oder höheren Zwischenkreisspannungen (> 3 kV) kommen auch Schaltungskonzepte mit 3 oder 5 Spannungsstufen, sogenannte Drei- oder Fünfpunkt-Umrichter, zum Einsatz. In diesem Kapitel werden Aufbau und Arbeitsweise sowie Steuerverfahren von Zweipunkt-Pulswechselrichtern erläutert. Für weitere Details zu Pulswechselrichtern sei auf die Literatur verwiesen [16].

5.1 Leistungshalbleiter

Leistungshalbleiter sind elektrische Bauelemente, die bei der Umformung elektrischer Energie eingesetzt werden. Damit bei der Umformung möglichst wenig Verluste entstehen, werden Leistungshalbleiter bis auf wenige Ausnahmen als Schalter betrieben. Um Schaltungen in der Leistungselektronik prinzipiell zu Verstehen, ist die Modellvorstellung des „idealen Schalters" hilfreich. Ein idealer Schalter soll folgende Eigenschaften besitzen:

- Im Ein-Zustand ist der Spannungsabfall unabhängig vom Strom gleich Null. Somit fallen keine Durchlassverluste im idealen Schalter an.
- Im Aus-Zustand ist der Strom durch den Leistungshalbleiter unabhängig von der Spannung gleich Null. Damit entfallen im idealen Schalter die Sperrverluste.
- Der Übergang von einem in den andere Schaltzustand erfolgt augenblicklich ohne Zeitverzug. Dabei fallen auch keine Schaltverluste an.

Trotz der großen Fortschritte auf dem Gebiet der Halbleitertechnik entsprechen die realen Eigenschaften der Leistungshalbleiter nicht denen von idealen Schaltern. Insbesondere sind bei der Auslegung von leistungselektronischen Schaltungen genaue Kenntnisse über

J. Teigelkötter, *Energieeffiziente elektrische Antriebe*, DOI 10.1007/978-3-8348-2330-4_5,
© Vieweg+Teubner Verlag | Springer Fachmedien Wiesbaden 2013

die Funktionsweise der Leistungshalbleiter notwendig. Im Folgenden werden daher die Eigenschaften von Leistungsdioden und von Schalttransistoren kurz beschrieben.

5.1.1 Leistungsdioden

Eine Diode soll den Strom in eine Richtung leiten und in der Gegenrichtung sperren. Halbleiterdioden nutzen einen pn-Übergang um diese Ventilwirkung zu erzielen. Abbildung 5.1 zeigt den typischen Aufbau einer Leistungsdiode mit der Schichtfolge $p^+ n^- n^+$. Bei Leistungdioden ist zwischen dem hochdotierten p^+- und dem n^+-Bereich eine weite schwachdotierte n^--Zone eingefügt. Hier kann sich im Sperrzustand die Raumladungszone ausbilden. Im gesperrten Zustand fließt bei negativer Spannung nur ein kleiner Sperrstrom. Dieser Sperrbereich befindet sich im 3. Quadranten der i/u-Kennlinie. Wird die Durchbruchspannung U_{RRM} überschritten, kommt es zu einem Lawineneffekt. Dabei wird die Diode zerstört. Aus diesem Grund wird die stationäre Sperrspannung, welche die Diode dauerhaft sperren soll, mit einem Sicherheitfaktor von etwa 2–2,5 multipliziert, um die notwendige Sperrspannung U_{RRM} der Leistungsdiode zu ermitteln. Im Allgemeinen erfordert eine größere Sperrspannung eine längere n^--Zone, diese wiederum beeinflusst den Spannungsabfall in Durchlassrichtung. Der Durchlassbereich kann wie in der Kennlinie angedeutet, durch die Schwellspannung U_{D0} und den differentiellen Widerstand r_D beschrieben werden.

$$u_D(i_D) = U_{D0} + r_D \cdot i_D \quad i_D > 0 \tag{5.1}$$

Leistungsdioden gibt es in einem weiten Leistungsbereich für unterschiedliche Anwendungen optimiert. Die Grenzwerte von kommerziellen Leistungsdioden liegen etwa bei 8 kV und 6 kA.

Für den Einsatz in Pulswechselrichter sind neben den statischen auch die dynamischen Eigenschaften der Dioden von besonderer Bedeutung. Das Ein- und Ausschalten einer Diode ist in Abb. 5.2 dargestellt.

Wird auf einer zunächst gesperrten Diode ein Strom mit hoher Steilheit geschaltet, tritt eine deutliche Spannungsüberhöhung auf. Es verstreicht die sogenannte Vorwärtserholzeit bis die Durchlassspannung auf den stationären Wert abgesunken ist. Zu Beginn des Einschaltvorganges ist die mittlere n^--Zone praktisch frei von Ladungsträgern und stellt einen hohen Widerstand dar. Erst mit zunehmender Anreicherung von Ladungsträgern kann sich der Widerstand der mittleren Zone verringern. Der Spitzenwert U_{FRM} der Durchlaßspannung ist von der Länge und Dotierung der n^--Zone sowie von der Stromsteilheit abhängig. Die Einschaltverluste von Leistungsdioden sind meist von untergeordneter Bedeutung.

Die Leitphase der Diode wird durch einen Schaltvorgang im Stromkreis beendet. Dabei wird im Stromkreis das Vorzeichen der treibenden Spannung so geändert, dass der Strom in der Diode abgebaut wird. In diesem Zeitbereich ist die Spannung an der Diode klein, daher wird die Geschwindigkeit der Stromänderung nur durch den äußeren Stromkreis be-

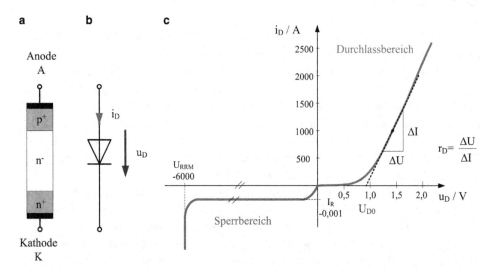

Abb. 5.1 Leistungsdiode: **a** Prinzipieller Aufbau, **b** Schaltsymbol und **c** statische Kennlinie

Abb. 5.2 Ein- und Ausschaltvorgang bei einer Leistungsdiode

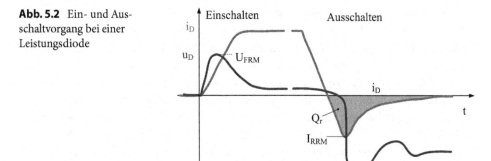

stimmt (Einschaltgeschwindigkeit des Schalters, Induktivitäten im Kommutierungskreis). Der Strom fließt nach dem Nulldurchgang in Rückwärtsrichtung durch die Diode. Der negative Strom räumt die freien Ladungsträger aus der Diode. Sind die Ladungsträger am anodenseitigen $p^+ n^-$-Übergang abgebaut, kann die Diode Spannung aufnehmen und der Rückstrom wird kleiner. Die Steilheit, mit der der Rückstrom abgebaut wird, soll sich in gewissen Grenzen bewegen. Die Steilheit soll nicht zu groß sein, damit der Spitzenwert U_{RM} der Rückwärtssperrspannung innerhalb der zulässigen Grenzen bleibt. Andererseits soll der Abbau des Rückstroms schnell erfolgen, um die Ausschaltverluste in der Diode möglichst klein zu halten.

5.1.2 IGBT

Der IGBT (Insulated Gate Bipolar Transistor) wurde ca. 1979 entwickelt. Dieser abschaltba-
re Leistungshalbleiter besitzt neben den Vorteilen von Leistungs-MOSFET – einer nahezu
leistungslosen Ansteuerung sowie hoher Schaltgeschwindigkeit – die hohe Stromtragfä-
higkeit von Bipolartransistoren. Wegen der guten Schalt- und Durchlasseigenschaften und
der Möglichkeit, die IGBT-Chips parallel zu schalten und in Modulen mit zugehörigen
Leistungsdioden zu integrieren, hat sich der IGBT schnell durchgesetzt.

Die grundsätzliche Funktionsweise des IGBT soll mithilfe der Abb. 5.3 erläutert werden.
Ein IGBT besitzt drei Anschlüsse. Über die Spannung zwischen dem Gate und dem Emitter
u_{GE} wird der Stromfluss zwischen Kollektor und Emitter gesteuert.

Ist die Spannung u_{GE} kleiner als die Schwellspannung $U_{GE(th)}$, blockiert der IGBT, und
die Kollektor-Emitter-Spannung u_{CE} liegt an der Raumladungszone am p^+n^--Übergang
an. Wird die Gate-Emitter-Spannung über den Wert der Schwellspannung $U_{GE(th)}$ erhöht, bildet sich ein leitender n-Kanal in der p-Wanne unter dem Gate. Dadurch gelangen
Elektronen vom Emitter zum Kollektor und lösen an der p-Schicht eine Injektion von Lö-
chern aus. Die injizierten Löcher kompensieren zum einen die negative Ladung der in der
schwach dotierten n^--Schicht vorhandenen Elektronen, und zum anderen strömen diese
zum Emitter und tragen damit zum Laststrom bei.

Dieser Sachverhalt kann mit der Ersatzschaltung des IGBT in Abb. 5.3a beschrieben
werden. Durch anlegen eine Gate-Spannung wird der MOSFET leitend und es kann ein
Strom vom Kollektor C über den pn-Übergang des Transsitors und den MOSFET zum
Emitter E fließen. Dieser Strom wirkt als Basisstrom für den pnp-Transisitor, womit auch
ein Strom vom Kollektor über den pnp-Transistor zum Emitter fließt. Abbildung 5.3c
stellt dieses Eigenschaften im Ausgangskennlinienfeld des IGBT dar. Damit ein merklicher
Strom im IGBT fließen kann, muss die Flussspannung des pn-Übergangs des bipolaren
Transistors überwunden werden. Im eingeschalteten Zustand soll der IGBT im durch-
gesteuerten Bereich betrieben werden. Hier kann der IGBT hohe Ströme bei kleinen
Kollektorspannungen u_{CE} führen. Im Abschnürbereich begrenzt der IGBT je nach an-
liegender Gatespannung den Strom im Stromkreis. Dadurch steigt die Spannung u_{CE}
an und es entstehen hohe Verluste im IGBT, die den IGBT schnell erwärmen. In diesen
Abschnürbereich gelangt der IGBT nur kurzzeitig beim Ein-oder Ausschalten.

Das Schaltverhalten von IGBT ist von der Ansteuerung, vom Ausschaltverhalten der
Diode sowie vom Aufbau der Schaltung abhängig. Um die Schalteigenschaften von IGBT
praxisgerecht zu testen, kann die Schaltung nach Abb. 5.4a eingesetzt werden. Dabei kann
aufgrund einer großen Zeitkonstanten $\tau = L/R$ der Laststrom i_L während des Schaltvor-
ganges als konstant betrachtet werden [20]. Das Einschalten eines IGBT auf eine leitende
Diode ist in Abb. 5.4b dargestellt. Der Einschaltvorgang wird eingeleitet, indem die Ansteuerschaltung in diesem Beispiel von −10 V auf +15 V umschaltet. Daraufhin steigt die
Gate-Emitter-Spannung u_{GE} am IGBT an. Sobald die u_{GE} die Schwellspannung $u_{GE(th)}$
erreicht, beginnt der Strom i_C im IGBT anzusteigen. Da die Diode noch leitend ist, liegt
in diesem Zeitraum fast die gesamte Gleichspannung U_{dc} am IGBT an. Dabei entsteht im

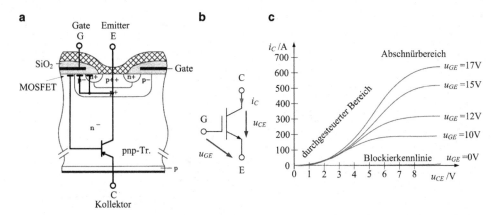

Abb. 5.3 IGBT: **a** Prinzipieller Aufbau mit hinterlegter Ersatzschaltung, **b** Schaltsymbol und **c** Ausgangskennlinien

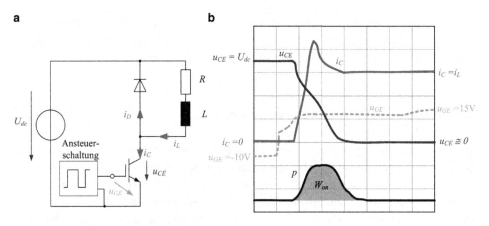

Abb. 5.4 Schaltverhalten IGBT: **a** Testschaltung und **b** Einschaltvorgang

IGBT eine hohe Verlustleistung $p = i_C \cdot u_{CE}$. Erst wenn die gespeicherte Ladung aus der Diode ausgeräumt ist, kann die Spannung am IGBT absinken. Die Spannung u_{CE} erreicht dann schließlich den stationären Durchlasswert. Die bei einem Einschaltvorgang im IGBT hervorgerufene Einschaltverlustenergie W_{on} ist hier als Fläche unter dem Zeitverlauf der Verlustleistung $p(t) = i_C \cdot u_{CE}$ grau hinterlegt.

Mit dem Umschalten der Ansteuerschaltung von einer positiven auf eine negative Spannung startet der Ausschaltvorgang eines IGBT. Erreicht die Gate-Emitterspannung die Plateauspannung, die gerade ausreicht, um den Laststrom i_L zu führen, beginnt die Spannung u_{CE} zu steigen. Wenn die Spannung u_{CE} den Wert der Gleichspannung U_{dc} erreicht hat, beginnt der Laststrom i_L vom IGBT auf die Diode zu kommutieren. Dabei fällt der Strom i_C zunächst steil ab. Darauf folgt ein langsameres Abklingen des Kollektorstromes auf Null. Auch beim Ausschalten liegen gleichzeitig große Spannungs- und große Strom-

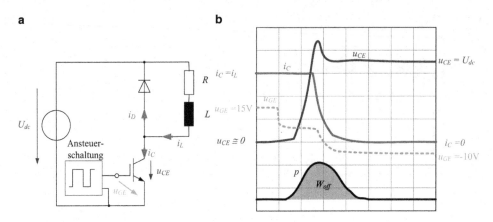

Abb. 5.5 Schaltverhalten IGBT: **a** Testschaltung, **b** Ausschaltvorgang

werte am IGBT an. Dadurch ergeben sich während des Ausschaltens große Verlustleistungen im IGBT. Die gesamte im IGBT angefallen Verlustenergie W_{off} ist in Abb. 5.5b als graue Fläche unter der Augenblicksleistung $p(t) = i_C \cdot u_{CE}$ eingezeichnet.

5.2 Idealer Zweipunkt-Wechselrichter

Ein Pulswechselrichter formt aus einer Gleichspannung eine frequenzvariable Spannung. Dabei ist der Zweipunkt-Wechselrichter aufgrund seiner Einfachheit der am weitesten verbreitete Wechselrichtertyp. Lediglich im Bereich sehr hoher Leistungen mit extremen Anforderungen an die Leistungshalbleiter oder Drehmomentenpulsation der angeschlossenen Drehfeldmaschine werden aufwendigere Schaltungen eingesetzt, z. B. Dreipunkt-Wechselrichter.

Das Prinzipschaltbild eines dreisträngigen Zweipunktwechselrichters ist in Abb. 5.6 dargestellt. Jeder Strang des Pulswechselrichter besteht aus einer Halbbrücke mit zwei IGBT und den zugehörigen Leistungsdioden. Mit einer Halbbrücke wird ein Anschlusspunkt der Maschine – je nach Schaltzustand der Transistoren – mit dem Plus- oder dem Minuspol des Zwischenkreises verbunden. Bei Zwischenkreisspannungen über 200V werden vorteilhaft IGBT als Schalter eingesetzt. Bei kleineren Zwischenkreisspannungen weisen MOSFET (Metal Oxide Semiconductor Field Effect Transistor)-Wechselrichter die günstigeren Eigenschaften auf.

Bei dem hier zunächst betrachteten idealen Wechselrichter sollen die Schalter und die Dioden im eingeschalteten Zustand keine Durchlassverluste ($u = 0$) besitzen und im ausgeschalteten Zustand ideal sperren ($i = 0$). Weiterhin soll ein Wechsel des Schaltzustands ohne Zeitverzögerung erfolgen.

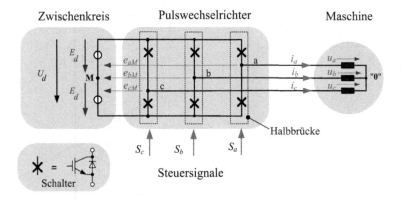

Abb. 5.6 Prinzipschaltbild eines dreiphasigen Zweipunkt-Pulswechselrichters

Die Arbeitsweise eines Zweipunkt-Wechselrichters wird besonders deutlich, wenn der Zeitverlauf der Ausgangsspannung einer Halbbrücke gegen einen „virtuellen" Mittelspannungsabgriff M im Zwischenkreis betrachtet wird. Die Wechselrichterspannungen e_{vM} mit ($v = a, b, c$) können entsprechend dem zugehörigen Steuersignal bei $S_v = 1$ den Wert $+U_d/2 = E_d$ oder bei $S_v = 0$ den Spannungswert $-U_d/2 = -E_d$ annehmen.

$$e_{vM} = \frac{U_d}{2}(2S_v - 1) \tag{5.2}$$

Um die Strangspannungen in der Maschine zu berechnen, werden zunächst die Maschengleichungen aufgestellt:

$$\begin{aligned} e_{aM} &= u_a + u_{0M} \\ e_{bM} &= u_b + u_{0M} \\ e_{cM} &= u_c + u_{0M} \end{aligned} \tag{5.3}$$

Wird die Beziehung $u_a + u_b + u_c = 0$ berücksichtigt, kann das Nullsystem der Wechselrichterspannungen berechnet werden:

$$u_{0M} = \frac{1}{3}\left(e_{aM} + e_{bM} + e_{cM}\right) \tag{5.4}$$

Um die Funktionsweise eines Wechselrichters anschaulich darzustellen, werden die Wechselrichterspannungen als Raumzeiger dargestellt. Da sich die Wechselrichterspannungen und die Strangspannungen der Maschine nur um das Nullsystem unterscheiden, können beide Spannungen durch denselben Raumzeiger dargestellt werden. Somit werden die Wechselrichterspannungen entsprechend

$$\underset{\rightarrow}{U} = \frac{2}{3}\left(e_{aM} + \underline{a} \cdot e_{bM} + \underline{a}^2 \cdot e_{cM}\right) \quad \text{mit} \quad \underline{a} = e^{j120°} \tag{5.5}$$

Abb. 5.7 Mögliche Spannungsraumzeiger eines
Zweipunkt-Wechselrichters

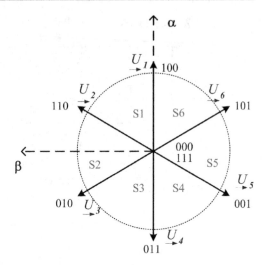

als Raumzeiger dargestellt. Dieser Raumzeiger kann als Funktion der Steuersignale beschrieben werden.

$$\underset{\rightarrow}{U} = \frac{4}{3}E_d \cdot \left(S_a + \underline{a} \cdot S_b + \underline{a}^2 \cdot S_c\right) \tag{5.6}$$

Da die Steuersignale S_v nur zwei unterschiedliche Zustände $(0,1)$ annehmen können, kann
ein Zweipunkt-Wechselrichter nur $2^3 = 8$ Spannungsraumzeiger realisieren. In Abb. 5.7
sind diese Raumzeiger in der komplexen Ebene dargestellt. Unterschieden wird hierbei
zwischen Nullspannungszeiger, bei denen die drei Steuersignale S_v den gleichen Zustand
besitzen, und den Außenspannungszeiger, die einen Betrag von $|\underset{\rightarrow}{U}| = \frac{4}{3}E_d$ besitzen.

5.3 Grundfrequenztaktung

Das einfachste Steuerverfahren für einen dreisträngigen Wechselrichter ist die Grundfrequenztaktung. Die Grundfrequenztaktung ist ein synchrones Taktverfahren, bei dem jeder
Schalter einmal in der Grundschwingungsperiode geschaltet wird.

Die Grundfrequenztaktung soll mithilfe von Abb. 5.8 erläutert werden. Die drei Steuersignale S_v sind jeweils um $120°$ gegeneinander phasenverschoben und für die halbe Periodendauer $(180°)$ auf 1 geschaltet. Aus diesen Steuersignalen ergeben sich die drei Wechselrichterspannungen e_{vM}, die jeweils für $180°$ das Potential auf $+E_d$ oder $-E_d$ schalten.
Daraus resultiert eine Schalthandlung im Abstand von $60°$, dabei gibt der Wechselrichter
einen neuen Spannungsraumzeiger aus.

Der Mittelwert der drei Wechselrichterspannungen e_{vM} entspricht dem Nullsystem
u_{0M}. Die Frequenz des Nullsystems ist dreimal so groß wie die Frequenz der Wechselrichterspannungen. Aus der Differenz der Wechselrichterspannungen e_{vM} und der

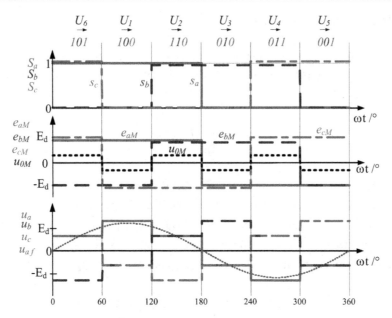

Abb. 5.8 Grundfrequenztaktung: Steuersignale S_v, Wechselrichterspannungen e_{vM}, Nullsystem u_{0M}, Strangspannungen u_v und Grundschwingung u_{af}

Nullsystemspannung u_{0M} erhält man die Strangpannungen u_v. Diese Strangspannungen verlaufen treppenförmig und halten für jeweils 60° die Spannung konstant. Die Fourier-Reihenentwicklung der Strangspannung u_a ergibt folgenden Ausdruck:

$$u_a(\omega t) = \frac{4}{\pi} E_d \left(\sin(\omega t) + \frac{1}{5} \sin(5\omega t) + \frac{1}{7} \sin(7\omega t) + \frac{1}{11} \sin(11\omega t) + \frac{1}{13} \sin(13\omega t) + \ldots \right)$$

$$(5.7)$$

Neben der gewünschten Grundschwingung mit der Amplitude

$$\hat{u}_{af} = \frac{4}{\pi} E_d \tag{5.8}$$

treten unerwünschte Oberschwingungen mit den Ordnungszahlen $v = 6n \pm 1$ auf, deren Amplituden mit zunehmender Frequenz kleiner werden. Bei der Grundfrequenztaktung erreicht die Strangspannung die maximal mögliche Amplitude der Spannungsgrundschwingung. Alle anderen Steuerverfahren erzeugen Strangspannungen mit kleineren Grundschwingungsamplituden. Die Amplitude der Grundschwingung ist bei der Grundfrequenztaktung fest durch die Zwischenkreisspannung vorgegeben. Bei diesem Steuerverfahren kann nur die Frequenz variiert werden. Dieses Steuerverfahren wird bei drehzahlvariablen Drehfeldmaschinen im Feldschwächbereich eingesetzt [18].

5.4   Raumzeigermodulation

Ein Zweipunkt-Wechselrichter kann nur 6 Außen- oder 2 Nullspannungszeiger ausgeben. Alle übrigen Spannungszeiger können von einem Wechselrichter nur als kurzzeitige Mittelwerte über eine Pulsperiode T_P realisiert werden.

$$\underset{\rightarrow}{e} = \frac{1}{T_P} \int\limits_0^{T_P} \underset{\rightarrow}{U} \, dt \tag{5.9}$$

Um einen Spannungszeiger $\underset{\rightarrow}{e}$ im Sektor S1 zu generieren, muss der Wechselrichter den Spannungszeiger $\underset{\rightarrow}{U_1}$ für den Zeitraum $x \cdot T_P$ und den Raumzeiger $\underset{\rightarrow}{U_2}$ für den Zeitraum $y \cdot T_P$, sowie die Nullspannungszeiger für die restliche Zeit $z \cdot T_P$ schalten. In Abb. 5.9 ist die Bildung des Raumzeigers $\underset{\rightarrow}{e}$ durch die Spannungsraumzeiger des Zweipunkt-Wechselrichter verdeutlicht. Damit ergibt sich für den mittleren Spannungsraumzeiger:

$$\underset{\rightarrow}{e} = \frac{1}{T_P} \left(x T_P \underset{\rightarrow}{U_1} + y T_P \underset{\rightarrow}{U_2} + z T_P \, 0 \right) = x \underset{\rightarrow}{U_1} + y \underset{\rightarrow}{U_2} \tag{5.10}$$

Damit dieser Spannungszeiger auch praktisch realisiert werden kann, muss die Summe der einzelnen Schaltzeiten gleich der Pulsperiode T_P sein. Daraus resultiert die Nebenbedingung $x + y + z = 1$.

Die Schaltreihenfolge der Raumzeiger innerhalb der Pulsperiode ist im Prinzip beliebig. Eine mögliche Schaltreihenfolge ist in Abb. 5.9b) dargestellt. Hierbei beginnt und endet die Pulsperiode mit einem Nullspannungszeiger. Um mit möglichst wenigen Schalthandlungen den Raumzeiger $\underset{\rightarrow}{e}$ zu generieren, wird die Reihenfolge in der die Raumzeiger geschaltet werden, so gewählt, dass bei einer Umschaltung immer nur in einer Halbbrücke geschaltet wird.

Soll ein möglichst großer Spannungszeiger generiert werden, der genau zwischen zwei Außenspannungszeigern liegt, so wird $x = y = 0,5$ und $z = 0$ gewählt. Dieser Spannungszeiger besitzt dann eine Länge von

$$\left| \underset{\rightarrow}{e} \right| = \frac{2}{\sqrt{3}} E_d = 1,15 \cdot E_d \tag{5.11}$$

Alle Spannungsraumzeiger mit beliebiger Lage, die eine kleinere Länge als $1,15 \cdot E_d$ besitzen, können mit einem Zweipunkt-Wechselrichter als Kombination von mehreren Raumzeigern generiert werden. Diese realisierbaren Spannungsraumzeiger befinden sich innerhalb eines Kreises mit dem Radius $1,15 \cdot E_d$ in der komplexen Ebene.

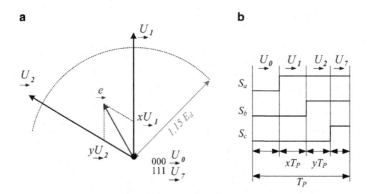

Abb. 5.9 Raumzeigermodulation: **a** Zeigerdiagramm und **b** Steuersignale

5.5 Dreiphasige Pulsweitenmodulation

Die Steuerung der Pulswechselrichter erfolgt praktisch durch Mikrocontroller oder Signalprozessoren, die integrierte Schaltkreise zur Erzeugung pulsweitenmodulierter Signale besitzen. Dreiphasige Pulsweitenmodulations (PWM)-Verfahren lassen sich auf den Vergleich von drei Modulationsfunktionen m_v ($v = a, b, c$) mit einem dreieckförmigen Vergleichssignal $c(t)$ zurückführen. Die Modulationsfunktionen unterscheiden sich im stationären Betrieb lediglich durch eine zeitliche Verschiebung von $T/3$ und $2/3T$.

Die Amplitude der Vergleichsfunktion $c(t)$ ist der Höhe E_d der halben Zwischenkreisspannung zugeordnet. Unter der Voraussetzung, dass die Vergleichsfunktion die Amplitude 1 hat und keine Rücksicht auf die Schaltzeiten der Leistungshalbleiter genommen werden muss, gilt

$$-1 \leq m_v(t) \leq 1 \quad \text{mit} \quad v = a, b, c \tag{5.12}$$

für den Wertebereich der Modulationsfunktionen. Zwischen dem Wert der jeweiligen Modulationsfunktion m_v und dem über eine Pulsperiode T_P genommenen Mittelwert e_{vM} der Stromrichterspannungen, besteht in jeder Pulsperiode folgende Beziehung:

$$m_v(t) = \frac{e_{vM}(t)}{E_d} \tag{5.13}$$

Bei der Sinusmodulation ohne Symmetrierung sind die Modulationsfunktionen zur Erzeugung der Schaltsignale drei phasenverschobene Sinusfunktionen und das Nullsystem ist immer identisch Null. Wichtige Größen zur Sinusmodulation sind in Abb. 5.10 dargestellt. Jeder Transistor wird einmal pro Pulsperiode geschaltet. Die maximal mögliche Amplitude der Stromrichter-Grundschwingungsspannung $\hat{e}_{f,Si}$ ist dann unter Vernachlässigung der Schaltzeiten der Leistungshalbleiter gleich der halben Zwischenkreisspannung:

$$\hat{e}_{f,Si} = E_d \tag{5.14}$$

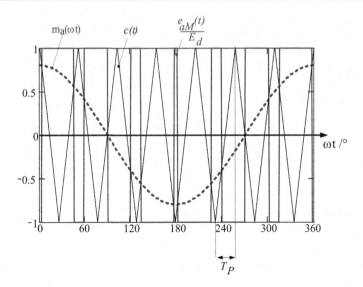

Abb. 5.10 Schema zur Erzeugung der PWM-Signale bei der Sinusmodulation

Damit ist der Spannungsraumzeiger bei der einfachen Sinusmodulation immer kleiner als der maximal mögliche Spannungsraumzeiger $\hat{e}_f = 1,15 \cdot E_d$, den der Pulswechselrichter generieren kann. Um diesen maximal möglichen Wert zu erreichen, müssen zu den sinusförmigen Modulationsfunktionen noch ein geeignetes Nullsystem überlagert werden.

Je nach weiteren Optimierungskriterien, wie z. B. Minimierung der Schaltverluste, werden in der Anwendung unterschiedliche Nullsysteme eingesetzt. Das bekannteste Verfahren ist die Sinusmodulation mit Symmetrierung, kurz SmS. Bei der SmS wird die Hälfte des betragsmäßig kleinsten Funktionswertes der drei sinusförmigen Sollfunktionen (Grundschwingungs-Funktionen) $m_{v,soll\ min}$ als Nullsystem zu allen Soll-Funktionen hinzu addiert:

$$m_v(t) = m_{v,soll}(t) + m_0(t) = m_{v,soll}(t) + \frac{1}{2} m_{v,soll\ min}(t) \quad \text{mit} \quad v = a, b, c \quad (5.15)$$

Die Modulationsfunktion für den Strang a, sowie das Nullsystem sind in Abb. 5.11 dargestellt. Der größte Wert von $m_v(t)$ tritt jetzt im Vergleich zur Sinus-Modulation ohne Symmetrierung nicht mehr bei $\omega t = 0°$ sondern bei $\omega t = 30°$ auf. Aufgrund der Bedingung

$$|m_v(t)| = |m_{v,soll}(t) + m_0| \leq 1 \quad (5.16)$$

beträgt die maximale Amplitude der Stromrichterspannungs-Grundschwingungen gemessen gegen den Zwischenkreis-Potenzialmittelpunkt M unter Vernachlässigung der Schaltzeiten der Leistungshalbleiter:

$$\hat{e}_{f,SmS} = \frac{2}{\sqrt{3}} E_d = 1,15 \cdot E_d \quad (5.17)$$

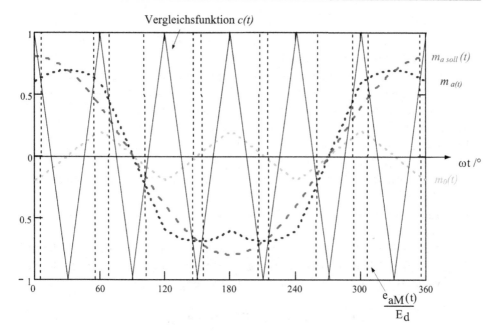

Vergleichsfunktion $c(t)$

$m_{a\,soll}(t)$

$m_{a(t)}$

$\omega t\,/^\circ$

$m_0(t)$

$\dfrac{e_{aM}(t)}{E_d}$

Abb. 5.11 Schema zur Generierung der Schaltsignale bei der Sinusmodulation mit Symmetrierung

---

Zusammenfassung

Über Pulswechselrichter werden Drehfeldmaschinen mit einer frequenz- und amplitudenvariablen Spannung versorgt. Mithilfe geeigneter dreiphasiger Pulsweitenmodulationsverfahren kann ein Zweipunkt-Pulswechselrichter aus seinen 8 Spannungszeigern die gewünschte Spannung an der Maschine als zeitlichen Mittelwert einstellen. Bei der Sinusmodulation mit Symmetrierung kann die Amplitude der Spannungsgrundschwingung maximal $\hat{e}_{f,SmS} = 1{,}15 \cdot E_d$ betragen. Bei der Grundfrequenztaktung hat die Spannungsgrundschwingung die maximalmögliche Amplitude von $\frac{4}{\pi} E_d$.

5.6 Übungsaufgaben

Übung 5.1

Ein Pulsstromrichter mit einer Zwischenkreisspannung von $U_d = 650$ V soll eine Drehfeldmaschine speisen.

a) Berechnen Sie die maximal mögliche Amplitude eines Spannungszeigers.

b) Berechnen Sie die relativen Einschaltverhältnisse x, y, z, um den Raumzeiger $\vec{e} = 200$ V e^{j45° zu realisieren

Übung 5.2

Ein dreisträngiger IGBT-Pulswechselrichter wird mit Grundfrequenztaktung betrieben und versorgt eine Asynchronmaschine. Das Bild zeigt das Ersatzschaltbild einer Halbbrücke sowie die Zeitverläufe der Wechselrichterspannung $e_{a\,M}$ und des Strangstromes $i_a(t)$. Der Strangstrom soll sinusförmig verlaufen und eine Amplitude von 500 A besitzen. Die Zwischenkreisspannung hat einen Wert von $U_d = 600$ V.

a) Berechnen Sie die Spannungsamplitude $\hat{e}_{a\,f}$ der Grundschwingung.

b) Lesen Sie aus dem Liniendiagramm den Phasenverschiebungswinkel zwischen dem sinusförmigen Strom und der Grundschwingung der Spannung ab.

c) Berechnen Sie die Wirkleistung P, die der Wechselrichter an die Asynchronmaschine abgibt.

d) Zeichnen Sie in das Bild den zeitlichen Verlauf des IGBT-Stroms i_T sowie des Diodenstroms i_D.

e) Berechnen Sie die Durchlassverluste der Leistungshalbleiter. Leiten Sie dazu die zugehörigen Gleichungen zur Berechnung der Strommittelwerte und der Stromeffektivwerte ab. Folgende Angaben stehen zur Verfügung:

$$\text{IGBT:} \quad U_{T0} = 0{,}85\,\text{V (Knickspannung)}$$

$$r_T = 2{,}8\,\text{m}\Omega \text{ (Differentieller Widerstand)}$$

$$\text{Diode:} \quad U_{D0} = 0{,}9\,\text{V (Knickspannung)}$$

$$r_D = 2{,}7\,\text{m}\Omega \text{ (Differentieller Widerstand)}$$

f) Berechnen Sie den Wirkungsgrad η des dreiphasigen PWR in diesem Arbeitpunkt bei Betrieb mit Grundfrequenztaktung, wenn die Schaltverluste vernachlässigt werden können.

g) Berechnen Sie die mittleren Sperrschichttemperaturen des IGBT und der Diode. Die Bauelemente sind wassergekühlt. Die Zulauftemperatur des Kühlwassers beträgt 50 °C. Der thermische Widerstand der IGBT zum Kühlwasser beträgt $R_{th\,IGBT} = 100$ K/kW. Die Dioden besitzen einen thermischem Widerstand von $R_{th\,Diode} = 150$ K/kW zum Kühlwasser.

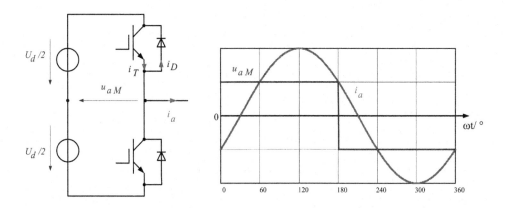

Übung 5.3

Ein Pulsstromrichter mit einer Zwischenkreisspannung von U_d = 650 V soll ein symmetrisches Drehspannungssystem mit einer Grundschwingungsamplitude von 200 V mit einer Frequenz von 30 Hz bilden. Die Spannungen sollen mit einer PWM gebildet werden. Dabei soll die Sinusmodulation mit Symmetrierung (SmS) verwendet werden.

a) Skizzieren Sie die drei Soll-Modulationsfunktionen in das nachfolgende Bild.

b) Skizzieren Sie das Nullsystem der SmS.

c) Skizzieren Sie die drei Modulationsfunktionen der SmS.

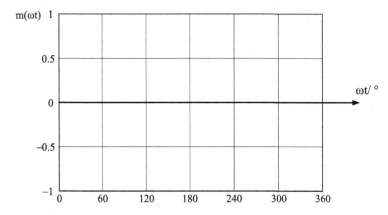

Asynchronmaschine

6

Das Funktionsprinzip der Asynchronmaschine (ASM) wurde Ende des 19. Jahrhunderts von Dolivo Dobrowolsky entdeckt. Aufgrund ihres einfachen und robusten Aufbaues ist die Asynchronmaschine der am häufigsten eingesetzte Elektromotor. Etwa 80 % aller Antriebe sind mit Asynchronmotoren ausgerüstet.

Es gibt zwei grundsätzliche Ausführungsformen, einmal mit Schleifringläufer und zum anderen mit Käfigläufer. Die Schleifringläufermaschine besitzt auf dem Rotor oder Läufer eine Dreiphasenwicklung, die über Schleifringe kontaktiert werden. Beim Käfigläufer sind in den Läufernuten massive Stäbe aus Kupfer oder Aluminium eingelegt, die über stabile Kurzschlussringe auf den Stirnseiten miteinander kurzgeschlossen sind. Diese in Abb. 6.1 dargestellte Ausführung, wird auch Asynchronmaschine mit Kurzschlussläufer genannt. Eine ASM mit Käfigläufer arbeitet praktisch verschleißfrei und ist kostengünstig herzustellen.

ASM können direkt am Drehspannungsnetz mit einer festen Drehzahl oder drehzahlvariabel über Pulswechselrichter mit gutem Wirkungsgrad betrieben werden. Der Leistungsbereich von ASM erstreckt sich von ca. 100 W bis 15 MW.

Wie in Kap. 3 erläutert, ist die Asynchronmaschine eine Drehfeldmaschine. Werden die Ständerwicklungen an ein symmetrisches Drehspannungssystem gelegt, so überlagern sich die Felder der einzelnen Strangwicklungen zu einem Drehfeld. Dieses magnetische Drehfeld rotiert mit der synchronen Drehzahl $n_S = f_S/p$. Das Drehfeld läuft über den Rotor hinweg und induziert in den Wicklungen des Rotors Spannungen. In den Wicklungen des Rotors fließen daraufhin Ströme, die nach der Lenz'schen Regel so gerichtet sind, dass diese der Ursache der Induktion entgegenwirken und somit den Rotor in Drehfeldrichtung beschleunigen. Dreht der Rotor synchron mit dem Drehfeld ist das magnetische Feld in den Rotorwicklungen konstant und es werden deshalb keine Spannungen induziert, folglich kann auch kein Strom im Rotor fließen. Somit können keine elektromagnetischen Kräfte im Rotor entstehen und damit auch kein Drehmoment aufgebaut werden. Da aber im realen Leerlauf zur Überwindung der Reibungsverluste ein Drehmoment notwendig ist, muss im Motorbetrieb die mechanische Drehzahl n der Antriebswelle stets kleiner als die synchrone

J. Teigelkötter, *Energieeffiziente elektrische Antriebe*, DOI 10.1007/978-3-8348-2330-4_6,
© Vieweg+Teubner Verlag | Springer Fachmedien Wiesbaden 2013

a   b

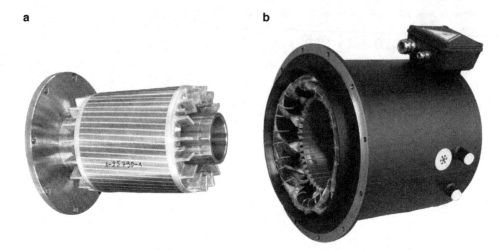

Abb. 6.1 Aufbau einer Asynchronmaschine: **a** Rotor mit Kurzschlussläufer **b** Ständer (Oswald Elektromotoren, Miltenberg)

Drehzahl n_S sein. Rotor und Drehfeld drehen somit asynchron. Ausgehend von diesem Funktionsprinzip wird die Asynchronmaschine auch Induktionsmaschine genannt.

6.1   Raumzeiger-Ersatzschaltbild der ASM

Grundsätzlich lässt sich jede Asynchronmaschine in zwei magnetisch gekoppelte Teilsysteme aufteilen: Den Ständer und den Rotor. Um die Ersatzschaltung der ASM herzuleiten, werden zunächst beide Teilsysteme getrennt betrachtet (siehe Abb. 6.2). Die Ständerwicklung besitzt einen endlichen ohmschen Widerstand R_S, eine Streuinduktivität $L_{\sigma S}$ und die Magnetisierungsinduktivität L_m. Besonders einfach wird die Ständermasche im ständerfesten Koordinatensystem

$$\underset{\rightarrow}{u_S^S} = R_S \cdot \underset{\rightarrow}{i_S^S} + L_{\sigma S} \cdot \underset{\rightarrow}{\dot{i}_S^S} + \underset{\rightarrow}{\dot{\psi}_m^S} \tag{6.1}$$

beschrieben. Dabei verdeutlicht das hochgestellte S, dass die Größen in ständerfesten Koordinaten betrachtet werden. Der Punkt über einer Variablen kennzeichnet deren zeitliche Ableitung. Das magnetische Feld, welches durch den Ständerstrom hervorgerufen wird und nicht mit dem Rotor verkoppelt ist, wird Streufeld genannt. Dieses Streufeld wird durch die Induktivität $L_{\sigma S}$ in der Ersatzschaltung berücksichtigt. Das magnetische Feld, welches im Ständer erzeugt und den Rotor durchsetzt, wird durch die Flussverkettung $\underset{\rightarrow}{\psi_m^S}$ beschrieben.

Im stationären Zustand der ASM besitzen die Raumzeiger der Ständergrößen die Ständerkreisfrequenz ω_S, die von der Ständerspannung $\underset{\rightarrow}{u_S^S}$ vorgegeben wird.

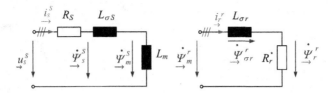

Abb. 6.2 Ersatzschaltbild der Ständer- und Rotormasche einer Asynchronmaschine

Der Rotor besteht aus einem Eisenblechpaket, in das Wicklungen eingebracht oder Aluminiumstäbe eingegossen sind (siehe Abb. 6.1a). Damit ist zum einen ein ohmscher Widerstand R_r^* wirksam. Weiterhin treten Streufelder auf, die durch die Induktivität $L_{\sigma r}$ beschrieben werden. Die Ströme im Rotor werden durch Spannungen getrieben, welche durch eine zeitliche Änderungen der Flussverkettung $\dot{\vec{\psi}}_m$ induziert werden. Diese Vorgänge im Rotor werden besonders übersichtlich in einem rotorfesten Koordinatensystem beschrieben. Die Größen im rotorfesten Koordinatensystem werden mit einem hochgestellten r gekennzeichnet. Dieses Koordinatensystem rotiert mit der elektromagnetischen Kreisfrequenz ω, die proportional zur mechanischen Drehzahl n ist.

$$\omega = p \cdot \Omega \quad \text{mit} \quad \Omega = 2\pi n, \quad n \dots \text{Drehzahl} \tag{6.2}$$

Die entsprechende Ersatzschaltung der Rotormasche ist in Abb. 6.2 dargestellt. Die zeitliche Ableitung des Rotorflusses entspricht der Spannung am Rotorwiderstand. Ohne Spannungsabfall am Rotorwiderstand kann sich kein Rotorfluss aufbauen und somit kein Drehmoment ausbilden. Im stationären Betrieb schwingen die Rotorgrößen mit Kreisfrequenz ω_r, welche mit der Ständerkreisfrequenz über

$$\omega_s = \omega + \omega_r \tag{6.3}$$

verknüpft ist.

Um die Ständer- und die Rotormaschen in einem gemeinsamen Ersatzschaltbild darzustellen, sind die Größen in ein gemeinsames Koordinatensystem zu transformieren. Hier soll als gemeinsames Koordinatensystem das ständerfeste Koordinatensystem verwendet werden. Die wirklichen Rotorgrößen müssen allerdings vorher – ähnlich wie bei einem Transformator – auf die Ständerseite umgerechnet werden. In diese Umrechnung gehen unter anderem die Strangzahl und der Wicklungsfaktor ein [8]. Zusätzlich muss bei der Transformation der Ableitung des Rotorflusses von dem rotorfesten in das ständerfeste Koordinatensystem die Gl. 4.17 angewandt werden.

Mit diesen Überlegungen erhält man das so genannte T-Ersatzschaltbild entsprechend Abb. 6.3. Darin sind die Ständer- und Rotorgrößen in einem gemeinsamen Ersatzschaltbild dargestellt. Dieses Ersatzschaltbild beschreibt das Verhalten der Raumzeigergrößen untereinander und die ideale Grundwellen-Maschine bezüglich der drei Stränge in einem

Abb. 6.3 T-Raumzeiger-Ersatzschaltbild des Grundwellenmodells einer ASM im ständerfesten Koordinatensystem

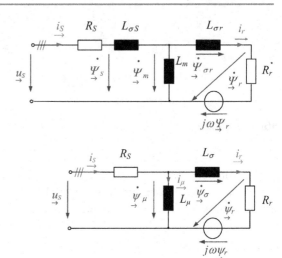

Abb. 6.4 Γ-Ersatzschaltbild des Grundwellenmodells einer ASM im ständerfesten Koordinatensystem

ständerfesten Koordinatensystem. In einer aufmagnetisierten Maschine wird bei rotierendem Rotor eine Spannung induziert, diese wird durch eine Spannungsquelle $j\omega\,\underset{\rightarrow}{\psi}_r$ in der Rotormasche dargestellt.

Das T-Ersatzschaltbild kann ohne Verlust von Information oder Genauigkeit in ein einfacheres umgewandelt werden. Regelverfahren, die sich am Ständerfluss orientieren, benutzen häufig das Γ-(Gamma)-Ersatzschaltbild. Das Γ-Ersatzschaltbild in Abb. 6.4 besitzt nur noch vier Bauelemente, welche direkt aus den üblichen Leerlauf- und Kurzschlussversuchen bestimmt werden können.

In der Literatur und in Datenblättern sind häufig die Parameter des T-Ersatzschalbildes angegeben. Bei linearen Ersatzbauelementen sind die Parameter der Γ-Ersatzschaltung eindeutig aus denen der T-Ersatzschaltung zu bestimmen [12]:

$$
\begin{aligned}
L_\mu &= L_m + L_{\sigma S} \\
L_\sigma &= L_{\sigma r} + L_{\sigma S}\left(1 + \frac{L_{\sigma S}}{L_m} + \frac{L_{\sigma r}L_{\sigma S}}{L_m^2} + \frac{2L_{\sigma r}}{L_m}\right) \\
R_r &= R_r^*\left(\frac{L_m + L_{\sigma S}}{L_m}\right)^2
\end{aligned}
\tag{6.4}
$$

Als Zustandsgrößen zur Beschreibung einer Asynchronmaschine werden hier der Statorfluss ψ_μ und Rotorfluss ψ_r gewählt. Denn die Ströme sind proportional zu diesen Flüssen. Der Magnetisierungsstrom kann aus

$$
\underset{\rightarrow}{i}_\mu = \frac{\underset{\rightarrow}{\psi}_\mu}{L_\mu}
\tag{6.5}
$$

und der Rotorstrom aus

$$\vec{i}_r = \frac{\vec{\psi}_\sigma}{L_\sigma} = \frac{\left(\vec{\psi}_\mu - \vec{\psi}_r\right)}{L_\sigma} \tag{6.6}$$

berechnet werden. Unter Berücksichtigung der Knotengleichung $\vec{i}_S = \vec{i}_\mu + \vec{i}_r$ kann auch der Ständerstrom

$$\vec{i}_S = \vec{i}_\mu + \vec{i}_r = \left(\frac{1}{L_\mu} + \frac{1}{L_\sigma}\right) \cdot \vec{\psi}_\mu - \frac{1}{L_\sigma} \vec{\psi}_r \tag{6.7}$$

aus den Flussgrößen berechnet werden.

Damit ergibt sich folgendes Differentialgleichungssystem für die Zustandsgrößen der ASM:

$$\dot{\vec{\psi}}_r = R_r \cdot \vec{i}_r + j\omega \cdot \vec{\psi}_r = \frac{R_r}{L_\sigma}\left(\vec{\psi}_\mu - \vec{\psi}_r\right) + j\omega \cdot \vec{\psi}_r$$

$$\dot{\vec{\psi}}_\mu = \vec{u}_S - R_S \cdot \vec{i}_S = \vec{u}_S - R_S \cdot \left(\frac{1}{L_\mu} + \frac{1}{L_\sigma}\right) \cdot \vec{\psi}_\mu + \frac{R_S}{L_\sigma} \cdot \vec{\psi}_r \tag{6.8}$$

Diese Beschreibung ist hinreichend genau um alle Grundschwingungsgrößen einer ASM zu berechnen. Sättigungseffekte, insbesondere der Magnetisierungsinduktivität L_μ, können durch statorflussabhängige Kennlinien berücksichtigt werden.

Die Widerstände R_S und R_r müssen zur genauen Berechnung temperaturabhängig nachgeführt werden.

Werden die komplexen Gleichungen aufgeteilt in ihre reellen und imaginären Komponenten, kann der Signalflussplan der ASM erstellt werden. Dieser Signalflussplan, auch vollständiges Modell der ASM genannt, ist in Abb. 6.5 dargestellt. Eine hochdynamische Drehmomentregelung mit einer ASM kann nur realisiert werden, wenn das Drehmoment auch unter Echtzeitbedingungen exakt berechnet wird. Zur Drehmomentberechnung wird wieder das Γ-Ersatzschaltbild 6.4 der ASM betrachtet. Die mechanische Leistung, die an der Welle der ASM wirkt, findet sich in der Wirkleistung wieder, die in der Spannungsquelle $j\omega\,\vec{\psi}_r$ umgesetzt wird.

$$P_{mech} = M_i\Omega = M_i\frac{\omega}{p} = \frac{3}{2} \cdot \text{Re}\left\{j\omega\,\vec{\psi}_r \cdot \vec{i}_r{}^*\right\} \tag{6.9}$$

Ersetzt man den konjugiert komplexen Raumzeiger des Rotorstroms $\vec{i}_r$ durch Gl. 6.6, erhält man für das innere Drehmoment die Beziehung:

$$M_i = \frac{3}{2L_\sigma} \cdot p \cdot \text{Im}\left\{\vec{\psi}_\mu\,\vec{\psi}_r{}^*\right\} = \frac{3}{2L_\sigma} \cdot p \cdot \left|\vec{\psi}_\mu\right| \cdot \left|\vec{\psi}_r\right| \cdot \sin\vartheta \tag{6.10}$$

Dabei berechnet sich das innere Drehmoment aus den Beträgen der Flussraumzeiger und dem von diesen Zeigern eingeschlossenen Winkel, der Flusswinkel ϑ genannt wird. Alternativ kann das Drehmoment aus dem Statorfluss- und den Ständerstromraumzeiger

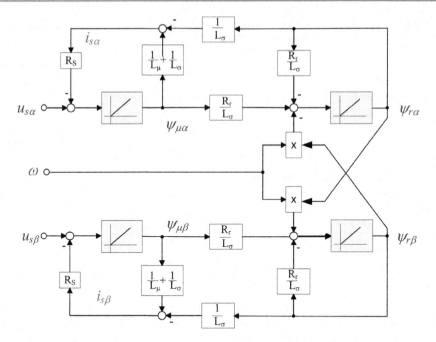

Abb. 6.5 Vollständiger Signalflussplan der ASM im ständerfesten Koordinatensystem

berechnet werden:

$$M_i = \frac{3}{2} \cdot p \cdot \mathrm{Im} \left\{ \underset{\rightarrow}{\psi_\mu}^* \underset{\rightarrow}{i_S} \right\} = \frac{3}{2} \cdot p \cdot \left(\psi_{\mu\,\alpha} \cdot i_{S\,\beta} - \psi_{\mu\,\beta} \cdot i_{S\,\alpha} \right) \qquad (6.11)$$

Ebenso kann das Drehmoment aus der Rotorkreisfrequenz ω_r und dem Betrag des Rotorflusses $\underset{\rightarrow}{\psi_r}$ berechnet werden.

$$M_i = \frac{3}{2} \cdot p \cdot \frac{\omega_r \cdot \left| \underset{\rightarrow}{\psi_r} \right|^2}{R_r} \qquad (6.12)$$

   Mit diesen Gleichungen kann das Drehmoment einer ASM mit unterschiedlichen Größen einfach berechnet werden. Auf einen Mikrocontroller oder Signalprozessor können
diese Gleichungen implementiert werden, um in Echtzeit das Drehmoment zu berechnen.
Bei fortschrittlichen Regelverfahren, die auf eine Messung der Drehzahl verzichten, können diese Gleichungen zur Berechnung der Drehzahl eingesetzt werden.

6.2   Stationärer Betrieb mit sinusförmigen Größen

Wird die ASM von einem sinusförmigen Drehspannungssystem gespeist, verlaufen alle anderen elektromagnetischen Größen ebenfalls sinusförmig. Diese Größen können als Raumzeiger mit konstanter Länge und konstanter Winkelgeschwindigkeit dargestellt werden. Wird zur Darstellung der Raumzeiger ein mit der Ständerkreisfrequenz ω_S rotierendes Koordinatensystem verwendet, so erhält man ruhende Zeiger. Dabei wird die Ständerspannung in die senkrechte reelle Achse eingezeichnet. Unter Vernachlässigung des Ständerwiderstands ($R_S = 0$) ist der Ständerfluss ψ_μ gleich dem Integral der Ständerspannung und deshalb im stationären Zustand um $90°$ der $\overrightarrow{\text{Ständerspannung}}$ nacheilend. Wird die Flussbeziehung $\psi_\mu = \psi_\sigma + \psi_r$ und weiterhin berücksichtigt, dass Rotor- und Streufluss $\overrightarrow{\text{senkrecht}}$ $\overrightarrow{\text{aufeinander}}$ $\overrightarrow{\text{stehen}}$, so erhält man das in Abb. 6.6 dargestellte Kreisdiagramm oder auch Heyland-Diagramm der ASM. Dabei gibt der Ständerfluss den Durchmesser und die Rotorkreisfrequenz ω_r die Lage des Arbeitspunktes auf dem Kreis vor. Im Kreisdiagramm sind die unterschiedlichen Betriebsbereiche der ASM gekennzeichnet und als Funktion der Rotorkreisfrequenz ω_r beschrieben.

$0 < \omega_r < \omega_s$. In diesem Bereich arbeitet die ASM als Motor und gibt mechanische Leistung an eine Arbeitsmaschine ab. Der Rotor dreht langsamer als das Drehfeld, deshalb wird dieser Betriebsbereich auch untersynchroner Lauf genannt.

$\omega_r < 0$. Dies ist der Bereich unterhalb der Drehmomentlinie (siehe Abb. 6.6). Die ASM wird angetrieben und arbeitet als Generator und wandelt die zugeführte mechanische Leistung in elektrische Leistung. Da in dieser Betriebsart der Rotor schneller als das Drehfeld dreht, wird dieser Bereich auch als übersynchroner Lauf bezeichnet.

$\omega_S < \omega_r < \infty$. Die ASM dreht aufgrund einer äußeren Last entgegen des umlaufenden Drehfeldes. Da das Moment weiterhin positiv ist, aber die Drehrichtung sich umgekehrt hat, bezieht die ASM über die Welle mechanische Leistung. Gleichzeitig bezieht die Maschine über den Ständer elektrische Energie. Diese beiden Leistungsanteile werden im Rotorkreis in Wärme umgesetzt. In diesem Betriebsbereich arbeitet die ASM als Bremse.

In dem Kreisdiagramm nach Abb. 6.6 können auch die Stromraumzeiger eingezeichnet werden, da diese aus den Flussraumzeiger und den zugehörigen Induktivitäten berechnet werden. Berücksichtigt man die geometrischen Beziehungen der Raumzeigergrößen zueinander, wie im Kreisdiagramm gezeichnet, kann der Ständerstrom-Raumzeiger aus dem Betrag des Ständerflusses und dem Flusswinkel berechnet werden:

$$\underset{\rightarrow}{i_S} = \underset{\rightarrow}{i_\mu} + \underset{\rightarrow}{i_r} = \frac{\hat{\psi}_\mu}{L_\sigma} \left[\sin\vartheta \cdot \cos\vartheta - j\left(\frac{L_\sigma}{L_\mu} + \sin^2\vartheta \right) \right] \qquad (6.13)$$

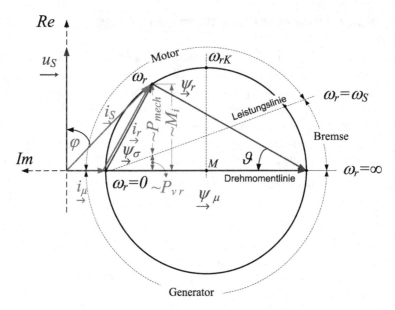

Abb. 6.6 Raumzeigerdiagramm der Ströme und Flüsse der ASM mit (R_S = 0) im ständerfesten Koordinatensystem

Ebenso kann das innere Drehmoment der Maschine berechnet werden:

$$M_i = \frac{3}{4} \cdot p \cdot \frac{\hat{\psi}_\mu^2}{L_\sigma} \cdot \sin(2\vartheta) \tag{6.14}$$

Unter Vernachlässigung des Ständerwiderstands (R_S = 0) berechnet sich die Ständerspannung aus dem Produkt von Ständerkreisfrequenz und Ständerfluss.

$$\underset{\rightarrow}{u_S} = \omega_S \cdot \hat{\psi}_\mu \tag{6.15}$$

Der Flusswinkel ϑ errechnet sich aus dem Winkelargument der komplexen Impedanz der Rotormasche:

$$\tan\vartheta = \frac{\omega_r L_\sigma}{R_r} \tag{6.16}$$

Wichtige Betriebspunkte der ASM werden in der folgenden Auflistung beschrieben:

Ideeller Leerlaufpunkt: Die ASM wird mechanisch weder angetrieben noch belastet (M_i = 0). Der Rotor dreht sich synchron mit dem Drehfeld. In diesem Betriebspunkt ist ω_r = 0. Im Rotor werden keine Spannungen induziert und es fließt in der Rotormasche kein Strom. Im Ständer fließt nur der Magnetisierungsstrom.

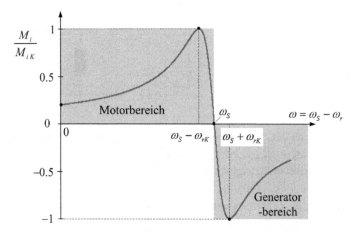

Abb. 6.7 Drehmomentkennline einer ASM

Kipppunkt: In diesem Betriebspunkt erzeugt die ASM das größte Drehmoment, das so genannte Kippmoment. Die zugehörige Rotorkreisfrequenz

$$\omega_{rK} = \frac{R_r}{L_\sigma} \qquad (6.17)$$

ist nur abhängig von den Ersatzelementen im Rotorkreis. Zu diesem Betriebspunkt gehört das Kippmoment:

$$M_{iK} = \frac{3}{4} \cdot p \cdot \frac{\hat{\psi}_\mu^2}{L_\sigma} \qquad (6.18)$$

Anlaufpunkt: Der Rotor der ASM dreht sich nicht ($n = 0$). Dabei ist die Rotorkreisfrequenz $\omega_r = \omega_s$. Die ASM gibt keine mechanische Leistung ab ($P_m = 2\pi n M_i = 0$). Der Ständerstrom ist in diesem Betriebspunkt sehr groß ($I_S = 6\text{–}10 I_N$). Dabei ist das Drehmoment M_A kleiner als das Nennmoment M_N der ASM. Bei üblicher Auslegung beträgt $M_A \approx 20\,\%\dots40\,\% \cdot M_N$.

Wird das aktuelle Drehmoment M_i auf das Kippmoment M_{iK} bezogen, erhält man die so genannte Kloss´sche Formel:

$$\frac{M_i}{M_{iK}} = \frac{2}{\frac{\omega_{rK}}{\omega_r} + \frac{\omega_r}{\omega_{rK}}} \qquad (6.19)$$

Mit dieser Gleichung kann im gesamten Betriebsbereich der ASM das Moment als Funktion der Rotorkreisfrequenz ω_r berechnet werden. Wird die ASM mit konstanter Ständerkreisfrquenz ω_S betrieben, kann das Drehmoment über die Kloss´sche Formel mit der Beziehung $\omega = \omega_S - \omega_r$ als Funktion der elektromechanischen Kreisfrequenz ω aufgetragen werden. Diese Drehmoment-Kennlinie der ASM ist in Abb. 6.7 dargestellt.

Abb. 6.8 Wechselstrom-
Ersatzschaltung einer ASM

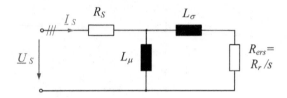

Bei $\omega = 0$ findet sich der Anlaufpunkt und bei $\omega = \omega_S$ erkennt man den ideellen Leer-laufpunkt. Bei $\omega = \omega_S - \omega_{r\,K}$ wird im motorischem Betriebsbereich das Kippmoment erreicht. Im generatorischen Betriebsbereich wird das maximale Moment bei $\omega = \omega_S + \omega_{r\,K}$ erreicht.

Zur Beschreibung des Arbeitspunktes einer ASM am starren Drehspannungsnetz ver-wendet man üblicherweise den Schlupf s, der über

$$s = \frac{n_S - n}{n_S} = \frac{\omega_S - \omega}{\omega_S} = \frac{\omega_r}{\omega_S} \tag{6.20}$$

definiert ist. Unter Verwendung des Schlupfes s kann für die ASM eine Wechselstrom-Ersatzschaltung angegeben werden (siehe Abb. 6.8). Dabei kann der Rotorwiderstand R_r und die Spannungsquelle $j\omega\psi_r$ aus der Raumzeiger-Ersatzschaltung in Abb. 6.4 zu einem Ersatzwiderstand $R_{ers} = \frac{R_r}{s}$ zusammengefasst werden. Mit Hilfe der Ersatzschaltung nach Abb. 6.8 kann für jeden Arbeitspunkt der ASM unter Vorgabe des Schlupfes s der Ständer-strom berechnet werden. Bei dieser Beschreibung der ASM ist zu beachten, dass hier mit Effektivwerten – wie in der komplexen Wechselstromtechnik üblich – gerechnet werden muss.

6.3 Stationäre Kennlinien einer ASM bei Betrieb mit frequenzvariabler Spannung

Die Drehzahl einer ASM kann über ein Drehspannungssystem mit variabler Frequenz und Amplitude mit gutem Wirkungsgrad über einen weiten Bereich eingestellt werden. Um die Steuergesetze abzuleiten, wird aus der Kloss'schen Formel 6.19 zusammen mit der Berech-nungsgleichung für das Kippmoment 6.18 die folgende Drehmomentgleichung abgeleitet:

$$M_i = \frac{3}{2} \cdot p \cdot \hat{\psi}_\mu^2 \cdot \frac{\omega_r / R_r}{1 + \left(\frac{\omega_r L_\sigma}{R_r}\right)^2} \tag{6.21}$$

Aus dieser Gleichung wird die grundsätzliche Betriebsstrategie für den frequenzvariablen Betrieb einer ASM deutlich. Der Ständerfluss ist so weit wie möglich auf seinen Nennwert zu halten, um den magnetischen Kreis der Maschine zu nutzen. Das Drehmoment wird über die Rotorkreisfrequenz ω_r eingestellt. Bei Belastungen bis etwa dem Nennmoment

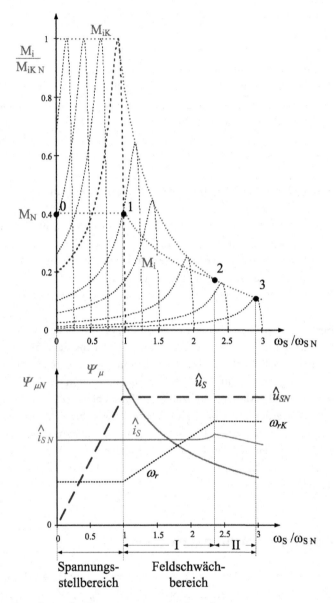

Abb. 6.9 Grenzkennlinien des frequenzgesteuerten Asynchronmotors

der ASM, also bei kleiner Rotorkreisfrequenz ($\omega_r < R_r/L_\sigma = \omega_{rK}$) ist das Drehmoment im Wesentlichen proportional zum Quotienten ω_r/R_r.

Die Komponenten eines drehzahlvariablen Antriebs mit einer ASM werden hoch ausgenutzt, um das Bauvolumen und die Herstellungskosten zu minimieren, wenn die Betriebsgrößen entsprechend Abb. 6.9 geführt werden. Dabei unterscheidet man folgende Betriebsbereiche:

Spannungsstellbereich: Im unteren Drehzahlbereich zwischen den Betriebspunkten **0** und **1** wird der Ständerfluss auf seinen Nennwert gehalten $\psi_\mu = \psi_{\mu N}$. Dazu wird die Amplitude der Motorspannung proportional zur gewünschten Ständerkreisfrequenz verstellt ($\hat{u}_S \sim \omega_S \cdot \hat{\psi}_{\mu N}$). Das stationäre Moment an der Welle wird auf das Nennmoment der Maschine begrenzt. Für dynamische Belastungsänderungen ist im unteren Drehzahlbereich eine große Drehmomentreserve bis zum Kippmoment M_{iK} vorhanden.

Feldschwächbereich I: Im Betriebspunkt **1** erreicht die Ständerspannung ihren Maximalwert. Bei einer weiteren Erhöhung der Ständerkreisfrequenz wird wegen der konstanten Ständerspannung der Ständerfluss entsprechend $\psi_\mu \sim 1/\omega_S$ geschwächt. Zwischen den Betriebspunkten **1** und **2** wird die mechanische Leistung auf den Nennwert $P_{mech\,N}$ begrenzt, deshalb fällt das Drehmoment mit ansteigender Drehzahl entsprechend $M_i \sim 1/\omega$ ab. Im Feldschwächbereich sinkt das zur Verfügung stehende Kippmoment ($M_{i\,K} \sim 1/\omega_s^2$). Mit ansteigender Ständerfrequenz steigt bei $P_{mech} = const.$ die Rotorkreisfrequenz ω_r an.

Feldschwächbereich II: Im Betriebspunkt **2** ist das Kippmoment auf das maximal mögliche stationäre Moment abgefallen. Bei einer weiteren Steigerung der Ständerkreisfrequenz ω_S wird der Betriebsbereich durch das verfügbare Kippmoment begrenzt. Die mechanische Leistung muss nun proportional zur Ständerkreisfrequenz gesenkt werden ($P_{mech} \sim 1/\omega_S$). Der Punkt **3** wird durch die Maximaldrehzahl des Motors begrenzt.

Traktionsantriebe werden mit einem großen Feldschwächbereich ausgestattet, um für den Wechselrichter und für den Antriebsmotor eine möglichst kleine Baugröße zu erhalten. Üblicherweise wählt man das Verhältnis von Nenndrehzahl zur Maximaldrehzahl in einem Bereich von 1 : 2 bis 1 : 5. Bei Industrieantrieben, z. B. in Werkzeugmaschinen, wird der Feldschwächbereich selten genutzt.

6.4 Regelung von Asynchronmaschinen

Seit mehreren Jahrzehnten werden Steuer- und Regelverfahren für ASM entwickelt und in vielfältigen Antriebsaufgaben genutzt. Entsprechend viele Veröffentlichungen sind auf diesem Gebiet zu finden. Eine gute Übersicht über die wichtigsten Regelverfahren liefert der Fachaufsatz [26].

Grundsätzlich kann zwischen skalaren und feldorientierten Regelungen unterschieden werden. Skalare Regelungen basieren auf den stationären Motorgleichungen und stellen die Amplitude und die Frequenz von Spannung, Strom oder Ständerfluss ein. Diese Verfahren erlauben nur eine langsame Verstellung des Arbeitspunktes. Deshalb können skalare Re-

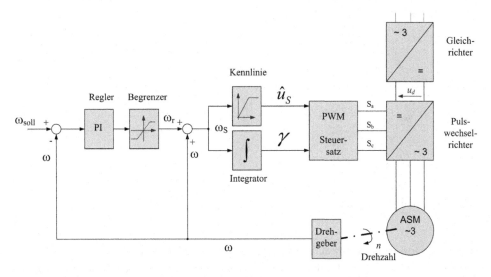

Abb. 6.10 Prinzip der Rotorfrequenzregelung

gelverfahren nur in Anwendungen mit geringen dynamischen Anforderungen, wie z. B. bei
Lüftern oder Pumpen, eingesetzt werden.

Feldorientierte Regelverfahren benutzen Raumzeiger zur Beschreibung der ASM. Bei
diesen Regelverfahren werden sowohl Betrag als auch Winkel von Strömen oder Flussverkettungen geregelt. Diese Verfahren erlauben eine hochdynamische Regelung des Motor-
moments.

Die Regelverfahren haben unterschiedliche dynamische Eigenschaften, sind aber auch
unterschiedlich komplex bei der technischen Umsetzung. Aus beiden Gruppen werden hier
zwei typische Verfahren vorgestellt.

6.4.1 Rotorfrequenz-Regelung

Die Rotorfrequenz-Regelung mit U/f-Kennliniensteuerung kann in den Anwendungen
eingesetzt werden, in denen keine schnellen Drehzahl- und Laständerungen auftreten.
Das Regelschema ist in Abb. 6.10 dargestellt. Der Motor wird dazu mit einem Drehgeber
ausgerüstet, um die mechanische Drehzahl n zu erfassen. Diese wird über $\omega = 2\pi \cdot p \cdot n$ in die
elektromechanische Winkelgeschwindigkeit umgerechnet. Die Ständerkreisfrequenz wird
aus der Summe von Rotorkreisfrequenz und elektromechanischer Winkelgeschwindigkeit
berechnet ($\omega_S = \omega + \omega_r$). Über eine Kennlinie wird aus der Ständerkreisfrequenz die Amplitude $\hat{u}_S$ und über einen Integrator der Winkel γ des Ständerspannungs-Raumzeigers
gebildet, der dann mit einer PWM über einen Pulsstromrichter auf die ASM geschaltet

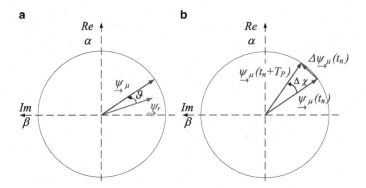

Abb. 6.11 Ständerfluss ψ_μ: **a** mit eingezeichneter Flussbahn und **b** der Flussänderung

wird. Die Rotorkreisfrequenz ω_r ist die Ausgangsgröße des Drehzahlreglers. Ist die aktuelle Drehzahl der ASM kleiner als die Solldrehzahl, wird die Rotorkreisfrequenz vom PI-Regler erhöht. Da die Rotorkreisfrequenz in guter Näherung proportional zum Drehmoment der ASM ist, wird dadurch der Antrieb beschleunigt. Um das Antriebsmoment, aber auch um die Ströme in der Maschine auf deren Nennwerte zu begrenzen, ist am Ausgang des Drehzahlreglers ein Begrenzer angeordnet. Dieser begrenzt die Rotorkreisfrequenz ω_r, um die ASM und den Pulswechselrichter nicht zu überlasten.

6.4.2 Indirekte Statorgrößen Regelung

Ausgehend von der Direkten Selbst-Regelung (DSR), die M. Depenbrock 1984 erfunden hat [23], wurde dieses am Ständerfluss orientierte Regelverfahren für unterschiedliche Anwendungen optimiert und an die Leistungsfähigkeit der Pulswechselrichter angepasst [26, 22]. Grundgedanke dieses Regelkonzeptes ist es, den Ständerfluss durch das Aufschalten einer geeigneten Spannung auf einer vorgegebenen Bahn zu führen und über den Flusswinkel ϑ das Moment der Maschine zu regeln (siehe Abb. 6.11a).

Die Indirekte Statorgrößen Regelung (ISR) ist besonders gut für den drehzahlvariablen Betrieb von ASM geeignet, die über einen Pulsstromrichter mit hoher Schaltfrequenz gespeist werden. Hierbei wird der Ständerfluss – wie bei Betrieb mit sinusförmigen Spannungen – auf einer Kreisbahn geführt. Die ISR ist ein Regelverfahren, das speziell für abtastende Steuerungssysteme entwickelt wurde. In jedem Abtastschritt t_n wird das aktuelle Drehmoment der ASM über

$$M(t_n) = \frac{3}{2L_\sigma} \cdot p \cdot \left| \underset{\rightarrow}{\psi}_\mu(t_n) \right| \left| \underset{\rightarrow}{\psi}_r(t_n) \right| \sin(\vartheta(t_n)) \tag{6.22}$$

berechnet. Soll das Drehmoment erhöht werden, muss der Flusswinkel ϑ vergrößert werden. D.h. der Ständerfluss-Raumzeiger muss gegenüber dem Rotorfluss-Raumzeiger vorgedreht werden. Die Bewegungsrichtung und der Betrag des Ständerfluss-Raumzeigers werden über die Spannung an den Klemmen der Maschine eingestellt:

$$\underset{\rightarrow}{\psi_\mu}(t_n + T_P) = \underset{\rightarrow}{\psi_\mu}(t_n) + \int\limits_{t_n}^{t_n+T_P} \left(\underset{\rightarrow}{u_S} - R_S \cdot \underset{\rightarrow}{i_S} \right) dt \tag{6.23}$$

In jedem Pulsintervall T_P wird die notwendige Flussänderung berechnet, um das erforderliche Drehmoment und den gewünschten Flussbetrag in der Maschine einzustellen. Innerhalb eines Pulsintervalls soll der Ständerflussraumzeiger um den Winkel $\Delta\chi$ gedreht und um einen Faktor $(1 + k_\psi)$ gestreckt werden:

$$\underset{\rightarrow}{\psi_\mu}(t_n + T_P) = \left\{ \left(1 + k_\psi(t_n)\right) e^{j\Delta\chi(t_n)} \right\} \cdot \underset{\rightarrow}{\psi_\mu}(t_n) \tag{6.24}$$

Der Differenzflusszeiger in jedem Pulsintervall berechnet sich aus der Differenz des neuen und des alten Stromrichterflusses

$$\underset{\rightarrow}{\Delta\psi_\mu}(t_n) = \underset{\rightarrow}{\psi_\mu}(t_n + T_P) - \underset{\rightarrow}{\psi_\mu}(t_n) = \left\{ \left(1 + k_\psi(t_n)\right) e^{j\Delta\chi(t_n)} - 1 \right\} \cdot \underset{\rightarrow}{\psi_\mu}(t_n) \tag{6.25}$$

Dieser Differenzflusszeiger ist in Abb. 6.11b eingezeichnet. Aus der gewünschten Flussänderung kann dann schließlich der notwendige Mittelwert der Ständerspannung berechnet werden. Diese Spannung wird mit Hilfe einer PWM über einen Pulswechselrichter auf die Klemmen des Motors geschaltet.

$$\underset{\rightarrow}{\overline{u_S}}(t_n) = R_S \, \underset{\rightarrow}{\overline{i_S}}(t_n) + \frac{1}{T_P} \cdot \underset{\rightarrow}{\Delta\psi_\mu}(t_n) \tag{6.26}$$

Da in jedem Pulsintervall T_P der Flussraumzeiger nur um einen kleinen Winkel gedreht werden muss, können die Näherungen $\cos \Delta\chi \approx 1$ und $\sin \Delta\chi \approx \Delta\chi$ verwendet werden. Dann kann der Spannungsraumzeiger noch nach Realteil

$$u_{S\alpha}(t_n) = R_S \cdot \overline{i_{S\alpha}} + \frac{1}{T_P} \cdot k_\psi \cdot \psi_{\mu\alpha}(t_n) - \frac{1}{T_P} \cdot (1 + k_\psi) \cdot \Delta\chi \cdot \psi_{\mu\beta}(t_n) \tag{6.27}$$

und Imaginärteil

$$u_{S\beta}(t_n) = R_S \cdot \overline{i_{S\beta}} + \frac{1}{T_P} \cdot k_\psi \cdot \psi_{\mu\beta}(t_n) + \frac{1}{T_P} \cdot (1 + k_\psi) \cdot \Delta\chi \cdot \psi_{\mu\alpha}(t_n) \tag{6.28}$$

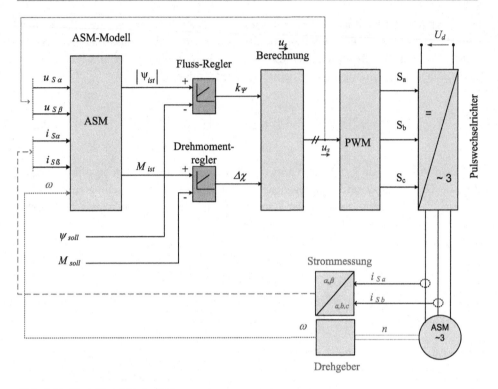

Abb. 6.12 Signalflussbild der ISR

einfach in Echtzeit berechnet werden, d. h. ohne die Verwendung von komplizierten mathematischen Funktionen. Der erste Summand berücksichtigt jeweils den Spannungsabfall am Ständerwiderstand, der Zweite bewirkt eine radiale Komponente zur Änderung des Ständerflussbetrages und der Dritte eine tangentiale, die sowohl den Ständerflussbetrag korrigiert als auch die erforderliche Drehung bewirkt. Der Faktor k_ψ wird von einem Flussbetragsregler geliefert. Das Winkelinkrement $\Delta\chi$ wird durch einen Drehmomentregler berechnet. Die gesamte Regelstruktur ist in Abb. 6.12 dargestellt.

Aus den gemessenen Strömen wird der Ständerraumzeiger berechnet, der zusammen mit der elektromechanischen Kreisfrequenz $\omega = 2\pi n$ als Eingangsgröße für das Motormodell dient. Das Motormodell ist entsprechend Abb. 6.5 aufgebaut und berechnet den Flussbetrag, sowie das Drehmoment der ASM. Der Fluss-Sollwert ψ_{soll} wird entsprechend den Kennlinien in Abb. 6.9 vorgegeben. Im unteren Drehzahlbereich wird als Sollwert der Nennfluss $\psi_{\mu N}$ vorgeben. Bei höheren Drehzahlen wird der Fluss-Sollwert mit ansteigender Drehzahl reduziert und damit das Feld geschwächt.

6.5 Grundfrequenztaktung im Feldschwächbereich

Bei höheren Drehzahlen kann die Ständerspannung nicht mehr proportional zur Frequenz gesteigert werden, da der Wechselrichter an der Spannungsstellgrenze betrieben wird. In diesem Betriebsbereich kann nur noch die Frequenz der Ständerspannung variiert werden. Entsprechend der Beziehung

$$\hat{\psi} = \frac{\hat{u}_S}{\omega_S}$$

wird mit steigender Frequenz und konstanter Ständerspannung der magnetische Fluss in der Maschine geschwächt. Deshalb wird dieser Betriebsbereich auch Feldschwächbereich genannt. Um im Feldschwächbereich die maximal mögliche Spannung auf die Maschine zu schalten, ist es vorteilhaft hier die Grundfrequenztaktung (GFT) einzusetzen. Bei GFT werden wie in Abschn. 5.3 gezeigt, die sechs Außenspannungsraumzeiger zyklisch nacheinander geschaltet. Wird der Ständerwiderstand vernachlässigt (R_S = 0), gibt gemäß der Grundgleichung

$$\underset{\rightarrow 1\text{-}6}{U} = \frac{\overrightarrow{d\psi_\mu}}{dt} \tag{6.29}$$

der Spannungsraumzeiger die Flussänderung in der Maschine vor. Aufgrund der sechs Richtungen, welche die Spannungszeiger annehmen können, wird der Ständerflusszeiger ψ_μ entsprechend Abb. 6.13 auf einem Sechseck geführt. Der Betrag der Bahngeschwindig-keit ist durch die Höhe der Zwischenkreisspannung vorgeben.

$$\left| \overset{\bullet}{\underset{\rightarrow}{\psi}}_\mu \right| = \frac{4}{3} E_d \tag{6.30}$$

Die Richtung der Bewegung ergibt sich aus dem gerade geschalteten Außenspannungszeiger des Wechselrichters.

Bei der von M. Depenbrock [23] eingeführten direkten Selbstregelung erfolgt die Weiterschaltung der Spannunngsraumzeiger nicht zeitgesteuert, sondern abhängig vom Betrag und der Lage des Statorfluss-Raumzeigers. Durch eine Projektion des Ständerfluss-Raumzeigers auf die β_a-, β_b- und β_c-Achsen, können die Weiterschaltungspunkte mit Komparatoren ermittelt werden. Aus der α-Komponente $\psi_{\mu\,\alpha}$ und der β-Komponente $\psi_{\mu\,\beta}$ des Ständerfluss-Raumzeigers können die Projektionen auf die β-Achsen berechnet werden.

$$\psi_{\mu\,\beta a} = \psi_{\mu\,\beta}$$

$$\psi_{\mu\,\beta b} = -\frac{\sqrt{3}}{2}\psi_{\mu\,\alpha} - \frac{1}{2}\psi_{\mu\,\beta} \tag{6.31}$$

$$\psi_{\mu\,\beta c} = \frac{\sqrt{3}}{2}\psi_{\mu\,\alpha} - \frac{1}{2}\psi_{\mu\,\beta}$$

In Abb. 6.14 sind diese magnetischen Flüsse als Funktion der Zeit dargestellt. Diese $\psi_{\mu\,\beta\nu}$-Flüsse werden jeweils auf einen Komparator mit Hysterese geschaltet. Der Komparator gibt

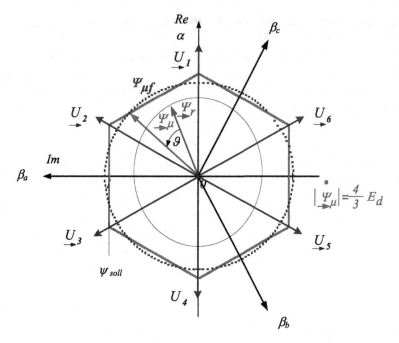

Abb. 6.13 Raumzeiger der Wechselrichterspannungen und die Bahnkurven der Maschinenflüsse bei der GFT

eine logische Eins aus, wenn die Eingangsgöße den Sollfluss ψ_{soll} erreicht hat. Der Ausgang k_v des Komparators schaltet zurück auf Null, wenn die Eingangsgöße kleiner als $-\psi_{soll}$ wird. Die Ausgangsgrößen dieser drei Komparatoren sind in Abb. 6.14 dargestellt. Werden die Ausgangsgrößen der Komparatoren k_v in der dargestellten Weise den Steuersignalen S_v des Wechselrichters zugeordnet, werden die Leistungshalbleiter genau zum richtigen Zeitpunkt geschaltet. Mit dieser Methode wird die gewünschte Flussbahnkurve unabhängig von Störgrößen immer richtig durchfahren. Insbesondere wirken sich Änderungen der Zwischenkreisspannung nicht auf die Bahnkurve aus.

Aufgrund der Rotorzeitkonstanten L_σ/R_r bewegt sich der Rotorfluss ψ_r wie in Abb. 6.13 dargestellt, auch bei der GFT näherungsweise auf einer Kreisbahn. Ein Drehmoment wird in der Maschine entwickelt, wenn entsprechend Gl. 6.11 ein Flusswinkel ϑ zwischen dem Ständer- und dem Rotorfluss aufgebaut ist.

$$M_i = \frac{3}{2L_\sigma} \cdot p \cdot \left|\underset{\rightarrow}{\psi_\mu}\right| \cdot \left|\underset{\rightarrow}{\psi_r}\right| \cdot \sin\vartheta \qquad (6.32)$$

Damit in der Maschine dynamisch ein Drehmoment aufgebaut werden kann, muss der Flusswinkel ϑ vergrößert werden. Dies gelingt nur, wenn die Drehfrequenz des Ständerflusszeigers vergrößert wird. Da die Geschwindigkeit, mit dem sich der Flusszeiger bewegt,

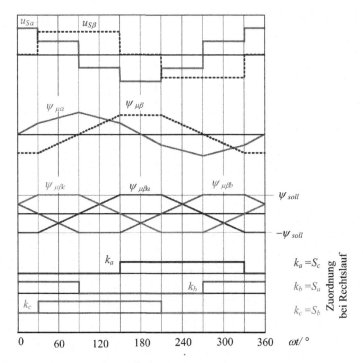

Abb. 6.14 Größen im Zeitbereich bei der GFT

durch die Zwischenkreisspannung fest vorgegeben ist, kann die Drehfrequenz nur durch eine Verkürzung der Kantenlänge des Sechsecks erreicht werden. Die Größe des Sechsecks wird durch den β-Sollwert ψ_{soll} bestimmt.

Die Basisstruktur der Direkten Selbstregelung im Feldschwächbereich ist in Abb. 6.15 dargestellt. Mit einem Modell der Asynchronmaschine können aus den Eingangsgrößen Spannung am Motor, gemessenen Motorströmen und der Drehzahl die unterschiedlichen Flüsse und das Istmoment M_{ist} des Motors berechnet werden. Der Drehmomentregler vergleicht das Soll- mit dem Istmoment. Wenn das Sollmoment größer als das Istmoment ist, wird der Flusssollwert verringert, wodurch die Drehfrequenz des Ständerfluss- Raumzeigers erhöht wird. Damit wird der Flusswinkel ϑ vergrößert und gleichzeitig das gewünschte Drehmoment aufgebaut.

Um die Regeldynamik zu verbessern wird zusätzlich noch eine Vorsteuerung eingesetzt. Dabei wird aus der aktuellen Zwischenkreisspannung, der Drehzahl und dem gewünschten Drehmomentes der Soll-Fluss ψ_{soll} berechnet. Damit muss der Regler nur noch die Parameter- und Rechenfehler ausgleichen.

Bei Betrieb mit Grundfrequenztaktung weisen die Ströme und das Drehmoment ein sechpulsiges Verhalten auf, d. h. die erste Harmonische besitzt die sechsfache Frequenz der Grundschwingung (siehe Abb. 6.16). Der Ständerstrom schwingt girlandenförmig um sei-

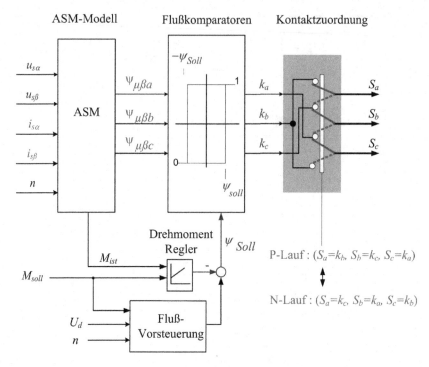

Abb. 6.15 Blockschaltbild der Direkten Selbstregelung mit Grundfrequenztaktung

ne Grundschwingung. Gegenüber einer Speisung mit sinusförmigen Spannungen werden bei GFT der Maximalwert und der Effektivwert des Ständerstroms geringfügig erhöht.

Das Drehmoment weist neben den gewünschten Mittelwert störende Pendelmomente auf, die aber bei Traktionsantrieben im oberen Drehzahlbereich meist nicht stören. Der Zwischenkreisstrom i_d belastet den Zwischenkreis und damit die Zwischenkreiskondensatoren. Bei der Auslegung der Kondensatoren sind diese Ströme gesondert zu betrachten. Da der Fluss auf einem Sechseck geführt wird, treten magnetische Geräusche in der Asynchronmaschine auf. Je nach Einsatzgebiet des Antriebs können diese Geräusche akzeptiert werden.

6.6 Energieeffiziente Antriebe mit ASM

6.6.1 Wirkungsgrad einer ASM

Eine elektrische Maschine wandelt elektrische Energie in mechanische Energie oder umgekehrt. Bei dieser Energieumwandlung entstehen Verluste in der Maschine. Das Verhältnis der abgegebenen Leistung zur aufgenommenen Leistung wird als Wirkungsgrad bezeich-

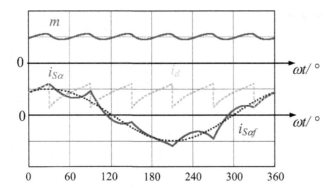

Abb. 6.16 Zeitverläufe des Drehmmoments m, des α-Stroms $i_{S\alpha}$, des Grundschwingungsstroms $i_{S\alpha f}$ und des Zwischenkreisstroms i_d bei Grundfrequenztaktung

net. Im Motorbetrieb bezieht die ASM die elektrische Leistung P_S und gibt an die angekuppelte Arbeitsmaschine die mechanische Leistung P_{mech} ab. Entsprechend berechnet sich der Wirkungsgrad aus:

$$\eta = \frac{P_{mech}}{P_S} \tag{6.33}$$

Die Differenz zwischen der zugeführten Leistung und der abgegebenen Leistung ist die Verlustleistung, die in Form von Wärmeenergie abgeführt werden muss. Die Verluste einer ASM können in

- Leerlaufverluste und
- lastabhängige Verluste

eingeteilt werden. Die Leerlaufverluste sind unabhängig von der Belastung der Maschine und gliedern sich in:

- Verluste im aktiven Eisen und
- Leerlauf-Zusatzverluste in anderen metallischen Teilen sowie
- Reibungsverluste durch Lager und Lüftung.

Die lastabhängigen Verluste sind im Wesentlichen stromabhängig. Zu diesen Verlusten zählen:

- Stromwärmeverluste in den Ständerwicklungen,
- Stromwärmeverluste in den Rotorwicklungen oder -stäben,
- Zusatzverluste im aktiven Eisen, sowie andere metallischen Teilen und
- Wirbelstromverlusten in den elektrischen Leitern.

Abb. 6.17 a Leistungsdiagramm und **b** Ersatzschaltbild
der ASM

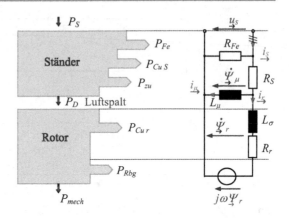

Das Leistungsdiagramm in Abb. 6.17a stellt eine vereinfachte Verlustaufteilung dar. Einige Verlustanteile können mithilfe des Ersatzschaltbildes in Abb. 6.17b erklärt werden.
Dabei werden die Eisenverluste P_{Fe} durch einen Parallelwiderstand R_{Fe} berücksichtigt.
Die stromabhängigen Verluste $P_{Cu\,S}$ und $P_{Cu\,r}$ werden durch den Ständerwiderstand R_S
und den Rotorwiderstand R_r berücksichtigt. Um die Verluste möglichst genau berechnen
zu können, müssen dabei die Widerstandswerte temperaturabhängig nachgeführt werden.
Zusätzlich ist der Rotorwiderstand infolge der Stromverdrängung von der Rotorkreisfrequenz ω_r abhängig.

Die vom Ständer auf den Rotor übertragene Leistung wird Drehfeldleistung P_D genannt
und über

$$P_D = \frac{\omega_S}{p} \cdot M_i \qquad (6.34)$$

berechnet. Die Summe aus den Reibverlusten P_{Rbg} und der mechanischen Nutzleistung
P_{mech} wird in der Spannungsquelle $j\omega\,\psi_r$ umgesetzt.

In der DIN EN 60034-30 [31] werden für Asynchronmotoren mit Nennleistungen von
0,75 bis 375 kW Effizienzklassen festgelegt:

- IE1 Standard-Wirkungsgrad
- IE2 Hoch-Wirkungsgrad
- IE3 Premium-Wirkungsgrad
- IE4 Super Premium-Wirkungsgrad
  (Norm ist in Vorbereitung)

Dabei steht die Abkürzung IE für International Efficiency. Die Effizienzklassen legen die
Mindestwirkungsgrade im Nennpunkt der Motoren fest. Für 4-polige Motoren im Nennbetriebspunkt sind die Mindestwirkungsgrade als Funktion der Nennleistung in Abb. 6.18a
dargestellt. Um den Energieverbrauch in der elektrischen Antriebstechnik zu reduzieren,
sind in der EU-Verordnung 640/2009 [35] verbindliche Termine für die Einführung dieser

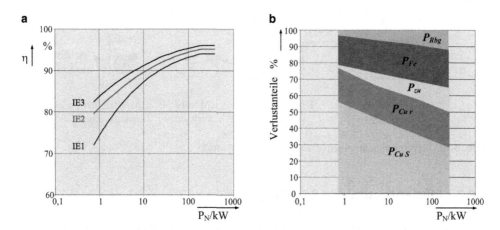

Abb. 6.18 Wirkungsgrade von ASM: **a** Mindest-Wirkungsgrad für 4-polige Motoren nach [31] und **b** Verlustaufteilung im Nennbetriebspunkt [21]

Effizienzklassen genannt. Seit dem 16. Juni 2011 müssen ASM den geforderten Mindestwirkungsgrad der Effizienzklasse IE2 einhalten. Damit dürfen die Hersteller – bis auf wenige Ausnahmen – keine IE1 Motoren mehr in den Verkehr bringen. Weiterhin müssen ab dem 1. Januar 2015 Motoren mit einer Nennleistung von 7,5 bis 375 kW die Effizienzklasse IE3 erreichen, alternativ kann ein IE2-Motor mit einer Drehzahlregelung über einem Pulswechselrichter eingesetzt werden. Ab 2017 wird diese Regelung auch für Motoren ab der Nennleistung von 0,75 kW gültig.

Die Grenzwerte für die IE4-Wirkungsgradklasse werden voraussichtlich in die nächste Ausgabe dieser Norm aufgenommen. Es besteht das Ziel, die Verluste von IE4 gegenüber IE3 um etwa 15 % zu vermindern. Wahrscheinlich können die Grenzwerte von IE4 nicht mehr wirtschaftlich mit Asynchronmotoren erreicht werden. Deshalb muss diese Norm auch auf andere Motorentechnologien, z. B. permanenterregte Synchronmaschinen, erweitert werden.

Der Anteil der verschiedenen Verlustarten an den Gesamtverlusten einer ASM hängt von deren Nennleistung ab, wie die Abb. 6.18b zeigt. Bei kleinen und mittleren Leistungen sind die ohmschen Verluste im Ständer und Rotor dominant. Die Eisenverluste besitzen im gesamten Leistungsspektrum einen annähernd konstanten Anteil. Die Zusatz- und die Reibungsverlustanteile steigen mit zunehmender Nennleistung der ASM.

Wird eine ASM über einen Pulswechselrichter betrieben, entstehen durch die Spannungs- und Strom-Oberschwingungen zusätzliche Eisen- und Stromwärmeverluste in Ständer und Läufer. Diese zusätzlichen Verluste sind unabhängig von der Belastung der Maschine. Diese Verluste hängen von der Schaltfrequenz des Pulswechselrichters ab. Mit steigender Schaltfrequenz verkleinern sich diese Verluste.

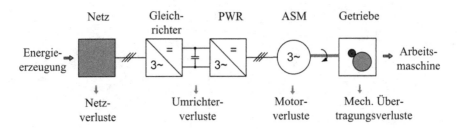

Abb. 6.19 Leistungsfluss in einem drehzahlvariablen Antrieb

6.6.2 Effizienzoptimierte Regelung

Um einen drehzahlvariablen Antrieb mit minimalen Gesamtverlusten betreiben zu können, ist der Leistungsfluss vom elektrischen Energieerzeuger bis zur Arbeitsmaschine zu betrachten. Dabei sollen die Verluste in den einzelnen Umwandlungsstufen analysiert und der Einfluss über die Motorregelung diskutiert werden. Dazu wird der Leistungsfluss in einem Antrieb anhand der Abb. 6.19 erläutert.

Netzverluste: Über den Eingangsgleichrichter entnimmt der Stromrichter dem Energieversorgungsnetz die notwendige Antriebsleistung. Die Schaltung des Eingangsgleichrichters und das vorgeschaltete Netzfilter bestimmen die Form des Netzstroms. Dabei überträgt im Wesentlichen nur die Strom-Grundschwingung die gewünschte Wirkleistung. Die höherfrequenten Stromanteile im Netzstrom verursachen zusätzliche Verluste im Energieversorgungsnetz, ohne eine Wirkleistung zu transportieren. Der Netzstrom und damit die Verluste können nicht über die Regelung des Motors beeinflusst werden.

Umrichterverluste: Aus den Schalt- und Druchlassverlusten setzen sich die Umrichterverluste zusammen. Beide Verlustanteile sind abhängig vom Motorstrom, der über die Regelung zu beeinflussen ist.

Motorverluste: Die Motorverluste haben, wie Abb. 6.18 zeigt, unterschiedliche Ursachen. Nur die Reibungsverluste werden nicht durch die Regelstratgie beeinflusst. Über die Amplitude des Ständerflusses werden die Kupferverluste im Ständer und Rotor sowie die Eisenverluste der ASM beeinflusst.

Mechanische Übertragungsverluste: Ist eine Anpassung der Motordrehzahl an die Drehzahl der Arbeitsmaschine notwendig, wird zwischen Motor und Arbeitsmaschine z. B. ein Getriebe angeordnet. Wie in Abschn. 2.1.2 dargestellt, treten auch bei dieser mechanischen Umwandlung Verluste auf, die nicht immer zu vernachlässigen sind. Die effizienteste Lösung ist, wie in Kap. 10 noch gezeigt wird, die direkte Ankopplung der Arbeitsmaschine an die Welle des Antriebsmotors. Diese mechanischen Übertragungsverluste können nicht durch die Motorregelung beeinflusst werden. Eine ordnungsgemäße Wartung der

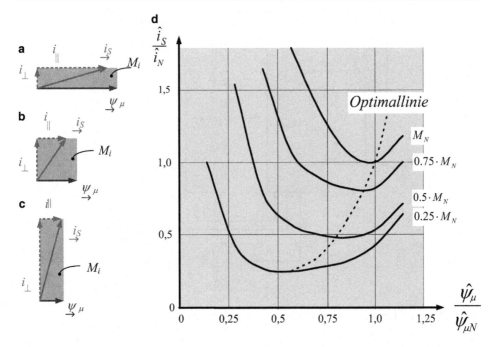

Abb. 6.20 **a–c** Skizze zur Drehmomentbildung und **d** Ständerstrom/ Ständerfluss-Kennlinie für verschiedene Drehmomente

mechanischen Übertragungseinrichtung ist oft hilfreich, um die mechanischen Verluste zu senken.

Bei Antrieben mit kleinen Leistungen sind die Motorverluste im Verhältnis zu den Umrichterverlusten besonders hoch. Im Bereich hoher Leistungen liegen die Motorverluste und Umrichterverluste etwa in der gleichen Größenordnung.

Da die Gesamtverluste von vielfältigen Größen abhängig sind, ist es schwierig eine pauschale Optimierungsstrategie vorzugeben. Hier wird zur Energieeffizienzoptimierung im Teillastbereich der Ständerfluss reduziert, um so mit minimalen Ständerstrom das gewünschte Drehmoment in der ASM zu bilden.

Nach der Gl. 6.11 berechnet sich das Drehmoment einer Asynchronmaschine aus dem Betrag des Ständerflusses multipliziert mit der dazu senkrechten Komponente des Ständerstromes $i_\perp$.

$$M_i = \frac{3}{2} \cdot p \cdot \mathrm{Im}\left\{\underset{\rightarrow}{\psi_\mu}^* \, \underset{\rightarrow}{i_S}\right\} = \frac{3}{2} \cdot p \cdot |\psi_\mu| \cdot i_\perp \tag{6.35}$$

Dieser Sachverhalt wird durch eine Skizze in Abb. 6.20 verdeutlicht. Das von der Maschine aufgebaute Drehmoment ist dabei proportional zur gekennzeichneten Fläche. Bei Nennfluss, Skizze a), ist nur eine kleine senkrechte Stromkomponente $i_\perp$ notwendig, um das gewünschte Drehmoment zu erreichen. Die parallele Stromkomponente $i_\parallel$ ist dabei groß,

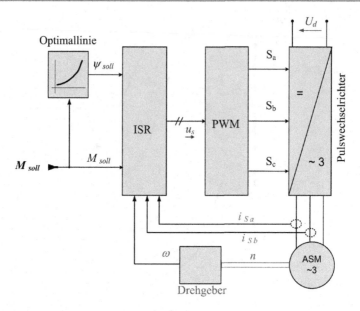

Abb. 6.21 Regelschema für eine ASM mit minimalem Ständerstrom

um den Ständerfluss aufzubauen. Bei einem mittleren Flussbetrag muss, damit sich das gleiche Drehmoment einstellt, die senkrechte Stromkomponente vergrößert und die parallele Stromkomponente verkleinert werden. Wird ein kleiner Ständerflussbetrag eingestellt, so ist eine große senkrechte Stromkomponente nötig, um das gleiche Drehmoment in der Maschine aufzubauen.

Aus diesen einfachen Überlegungen wird klar, dass es für jedes Drehmoment einen optimalen Fluss gibt, bei dem der Ständerstrom minimal wird. In Abb. 6.20d ist der Ständerstrom einer ASM in Abhängigkeit vom Ständerfluss für verschiedene Drehmomente dargestellt. Für jedes Drehmoment gibt es genau einen Ständerflussbetrag, bei dem der zugehörige Ständerstrom minimal ist. Mit steigendem Drehmoment führt dies zu einem steigenden optimalen Ständerfluss. Ein ansteigender Fluss führt aufgrund der nichtlinearen Magnetisierungskennlinie des Eisens zu einer überproportionalen Erhöhung des Magnetisierungsstroms. Man nennt dieses Verhalten auch Sättigung, im Ersatzschaltbild wird dies durch eine flussabhängige Magnetisierunginduktivität L_μ berücksichtigt.

Ist die Optimallinie einer ASM bekannt, kann mit dem Regelverfahren ISR einfach der Betrieb mit minimalen Ständerstrom realisiert werden. Zu Erläuterung ist das Regelschema in Abb. 6.21 dargestellt. Aus dem Sollmoment M_{soll} wird über die abgespeicherte Optimallinie der Sollwert für den Ständerfluss ermittelt. Beide Sollwerte dienen nun als Eingangsgröße für die ISR, die bereits in Abschn. 6.4.2 beschrieben wurde. Dieses Prinzip, bei Teillast den magnetsichen Fluss zu verringern, ist nur im Spannungsstellbereich möglich. Da in diesem Arbeitsbereich genügend Spannungsreserve vorhanden ist, um den Fluss mit hoher Dynamik vorzugeben. Diese Methode zur Energieeinsparung hat den Nachteil, dass die Verluste im Rotor ansteigen. Da der Rotor nicht gut zu kühlen ist, muss deshalb überprüft werden, ob die Rotortemperatur im zulässigen Bereich liegt. Weiterhin werden die Anregelzeiten bei einem Drehmomentsprung erhöht, da zunächst der Fluss in der Maschine aufgebaut werden muss, bevor das Drehmoment ansteigen kann.

Zusammenfassung

Ausgehend von der Funktionsweise der ASM wurde ein Raumzeiger-Ersatzschaltbild angegeben, mit dem die Betriebspunkte berechnet werden können. Für stationäre Arbeitspunkte der ASM mit sinusförmigen Spannungen wurde ein Raumzeigerdiagramm angegeben, mit dem alle elektrischen und mechanischen Größen der Maschine dargestellt werden können. Der Arbeitsbereich einer ASM kann in zwei Bereiche, den Spannungs- und den Feldstellbereich, geteilt werden. Für einfache Antriebsaufgaben bietet sich die beschriebene Rotorfrequenz-Regelung an. Hochdynamische Antriebe können mit der ISR realisiert werden. Für den Feldschwächbereich im oberen Drehzahlbereich eignet sich die Direkte Selbstregelung mit Grundfrequenztaktung. Normen definieren Effizienzklassen, die abhängig von der Nennleistung einen Mindestwirkungsgrad für ASM vorschreiben. Zusätzlich kann die Effizienz einer ASM im Teillastbereich durch die Absenkung des Statorflusses gesteigert werden.

6.7 Übungsaufgaben

Übung 6.1

Von einer Asynchronmaschine sind folgende Daten bekannt:

$$U_N = 400\,\text{V} \quad n_N = 1420\,\text{min}^{-1} \quad f_S = 50\,\text{Hz}$$

Bei einem Leerlaufversuch mit Nennspannung wurden folgende Werte gemessen:

$$I_0 = 6.3\,\text{A} \quad P_0 = 0\,\text{W}$$

Bei einem Kurzschlussversuch mit einer Spannung U_K = 50 V wurde der Strom I_K = 15.6 A und ein Leistungsfaktor von $\cos\varphi$ = 0,40 gemessen. Die Reibungsverluste können vernachlässigt werden. Die Asynchronmaschine wird direkt am 50 Hz-Drehspannungsnetz mit Nennspannung betrieben.

a) Ermitteln Sie die Parameter der Γ-Ersatzschaltung nach Abb. 6.4.

b) Zeichnen Sie die Ortskurve des Stroms und parametrieren Sie die Kurve mit der Rotorkreisfrequenz ω_r.

c) Ermitteln Sie $\hat{i}_{SN}$, M_{iN} und P_N.

d) Skizzieren Sie die Funktionen $M_i(n)$, P_{mech}, $\hat{i}_S(n)$ und den Verschiebungsfaktor $\cos\varphi(n)$ bei Betrieb mit Nennspannung und f_S = 50 Hz.

e) Skizzieren Sie die Funktionen $n(M_i)$, $cos\varphi(M_i)$ und $\hat{\imath}_{S\,N}(M_i)$ als Funktion von M_i bei Betrieb mit Nennspannung und $f_S = 50\,\text{Hz}$.

Übung 6.2

Ein vierpoliger Asynchronmotor ($P_N = 10\,\text{kW}$, $U_N = 400\,\text{V}$, 50 Hz, $n_N = 1446\,\text{min}^{-1}$), gespeist über einen idealen Zweipunkt-Wechselrichter, treibt einen Lüfter ($M_L \sim n^2$) an. Bei Betrieb mit einer Ständerfrequenz von 50 Hz stellt sich der Nennbetriebspunkt des Asynchronmotors ein. Bei den weiteren Berechnungen kann der Ständerwiderstand des Asynchronmotors vernachlässigt werden. Zusätzlich soll angenommen werden, dass der Wechselrichter über eine geeignete U/f-Kennlinie in jedem Arbeitspunkt den Nennfluss des Motors einstellt.

a) Skizzieren Sie die Drehmoment/Drehzahl-Kennlinie des Lüfters (Arbeitsmaschine).

b) Skizzieren Sie die Drehmoment/Drehzahl-Kennlinie des Asynchronmotors bei Betrieb mit 50 Hz. Dabei darf im relevanten Arbeitsbereich ein linearer Zusammenhang zwischen Drehzahl und Drehmoment angenommen werden.

Nun schaltet der Wechselrichter eine Drehspannung mit einer Grundfrequenz von 30 Hz auf den Asynchronmotor. Dabei wird der Motor weiterhin mit Nennfluss betrieben.

c) Wie hoch ist dann der Effektivwert der Grundschwingung der verketteten Spannung?

d) Welche Drehzahl und welches Drehmoment stellt sich bei einer Ständerfrequenz von 30 Hz ein?

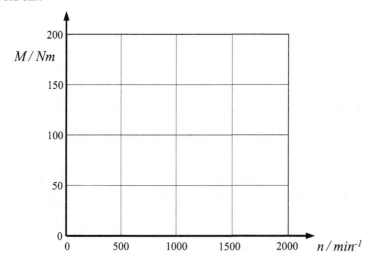

Synchronmaschine

7

Die Synchronmaschine, wie auch die Asynchronmaschine, ist eine Drehfeldmaschine. Im Ständer ist eine Drehfeldwicklung angeordnet. Die Erregung einer Synchronmaschine erfolgt über eine Erregerwicklung oder über Permanentmagnete im Läufer. Bei Synchronmaschinen wird der Läufer häufig auch Polrad genannt.

Bei einer elektrisch erregten Synchronmaschine ist im Läufer eine Wicklung untergebracht, die von einem Gleichstrom magnetisiert wird. Abbildung 7.1a zeigt eine Vollpolmaschine, diese wird auch Turbogenerator genannt. Die Leiter der Gleichstromerregerwicklung sind auf eine Zone von etwa 120° verteilt und in Nuten des Läufers eingelegt. Der Läufer kann aus einem Stück geschmiedet werden, da das Erregerfeld ein Gleichfeld ist und somit keine Wirbelströme hervorruft. Um Wirbelströme im Ständer zu vermeiden, wird dieser grundsätzlich geblecht ausgeführt. Die Drehstromwicklung wird in gestanzten Nuten eingelegt. Überwiegend werden Vollpolläufer in Kraftwerken zur Erzeugung elektrischer Energie eingesetzt. Bei luftgekühlten Generatoren liegt die Grenzleistung bei 80 MVA. Die Grenzleistung von Maschinen mit wasserdurchflossener Ständerwicklung und wasserstoffgekühlter Läuferwicklung beträgt für 2-polige Generatoren 1700 MVA, für 4-polige Generatoren 3000 MVA.

Das Polrad der Schenkelpolmaschine hat ausgeprägte Pole wie in Abb. 7.1b dargestellt. Der Luftspalt ist längs des Umfangs nicht konstant. Daher sind die Induktivitäten der drei Ständerwicklungen von der Läuferstellung abhängig. Die Hauptinduktivität einer Strangwicklung ist am größten, wenn deren Magnetisierungsrichtung mit der des Polrads übereinstimmt. Diese hat den kleinsten Wert, wenn die Ständerwicklung quer zum Polrad, also in Richtung der Pollücke magnetisiert. Schenkelpolmaschinen werden in einem weiten Leistungsbereich als Motoren und Generatoren eingesetzt. Diese Maschinen können mit großen Polzahlen gebaut werden, somit sind sie für den Betrieb mit kleinen Drehzahlen und großen Momenten geeignet. Deshalb werden Schenkelpolmaschinen häufig als Generatoren in Wasserkraftwerken eingesetzt.

Aufgrund der hohen Energiedichte neuer Magnetmaterialien finden permanenterregte Synchronmaschinen bei Servoantrieben, bei Direktantrieben und zunehmend auch in der

J. Teigelkötter, *Energieeffiziente elektrische Antriebe*, DOI 10.1007/978-3-8348-2330-4_7,
© Vieweg+Teubner Verlag | Springer Fachmedien Wiesbaden 2013

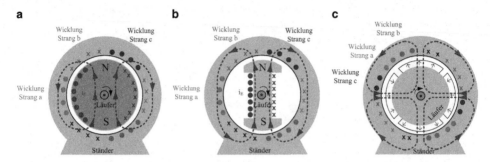

Abb. 7.1 Prinzipielle Ausführungen von Synchronmaschinen: **a** Vollpolläufer oder Turboläufer, **b** Schenkelpolläufer und **c** Permanenterregte Maschine

regenerativen Energieerzeugung Anwendung. Diese Maschinen weisen je nach Anwendung ca. 30 % weniger Verluste als herkömmliche Asynchronmaschinen auf. Der Aufbau einer permanenterregten Synchromaschine ist in Abb. 7.1c dargestellt. Im nächsten Abschnitt wird die permanenterregte Synchronmaschine detailiert beschrieben.

Im Generatorbetrieb wird die Synchronmaschine angetrieben und das Polrad dreht über die räumlich versetzen Wicklungen im Ständer hinweg. Dabei wird in den Ständerwicklungen eine Drehspannung induziert. Die Frequenz der induzierten Spannungen ist proportional zu der Drehzahl:

$$f = p \cdot n$$

Eine Synchronmaschine darf erst an das Netz geschaltet werden, wenn die induzierten Drehspannungen in der Maschine synchron zu den Netzspannungen verlaufen, d. h. gleiche Spannungsamplituden, gleiche Frequenz und die gleiche Phasenlage aufweisen. Sobald die Ständerwicklungen Ströme führen, entstehen im Zusammenhang mit dem Erregerfeldes des Polrades Kräfte, die ein Drehmoment hervorrufen. Damit die Synchronmaschine ein konstantes Drehmoment aufbauen kann, muss die Phasenlage der Ströme starr mit der Lage des Polrades gekoppelt sein. Nur mit besonderen Maßnahmen kann ein Synchronmotor selbständig am Drehspannungsnetz anlaufen.

7.1   Permanenterregte Synchronmaschine

Die elektrischen Eigenschaften von permanenterregten Synchronmaschinen (PSM) werden durch die Gestaltung des Rotors maßgeblich beeinflusst. Die unterschiedlichen Varianten können in zwei grundsätzliche Bauformen eingeteilt werden. Maschinen bei denen auf der Oberfläche des Rotors Magnete aufgeklebt sind, werden in der Fachliteratur „Surface-mounted Permanent Magnet Synchronous Motor (SPMSM)" genannt. Diese Bauform ist in Abb. 7.2a dargestellt. PSM mit Oberflächenmagneten können einfach hergestellt werden. Das Magnetmaterial wird häufig im unmagnetisierten Zustand auf den Rotor geklebt

Abb. 7.2 Unterschiedliche Konstruktionsprinzipien für PMS: **a** mit Oberflächenmagneten und **b** vergrabenen Magneten

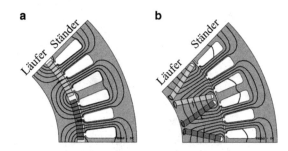

und anschließend mit einer Feldspule aufmagnetisiert. Da sich das Magnetmaterial bezüglich seiner Permeabilität ähnlich wie Luft verhält, ist der resultierende Luftspalt, der sich aus der Summe des tatsächlichen Luftspalts und der Magnetdicke ergibt, relativ groß. Entsprechend groß ist der magnetische Widerstand (Reluktanz) für den magnetischen Fluss. Dadurch besitzen PSM mit Oberflächenmagneten relativ kleine Wicklungsinduktivitäten. Weiterhin sind die Induktivitäten der Ständerwicklungen nahezu unabhängig von der Rotorlage, dadurch ist die mathematische Beschreibung dieser Maschine einfach.

Sind die Magnete im Rotor vergraben oder eingelegt, so werden diese „Interior Permanent Magnet Synchronous Motor (IPMSM)" genannt. Eine mögliche Aufbauvariante ist in Abb. 7.2b dargestellt. Rotoren mit vergrabenen Permanentmagneten sind aufwändiger in der Herstellung. Wie im nächsten Abschnitt noch detailliert erläutert wird, sind die Stranginduktivitäten von der Rotorposition abhängig, was eine mathematische Beschreibung erschwert. In der in Abb. 7.2b dargestellten Sammleranordnung ist die magnetische Flussdichte im Luftspalt höher als auf der Oberfläche eines Magneten, dadurch besitzt diese Bauform eine hohe Kraftdichte. IPMSM weisen deshalb gegenüber SPMSM Vorteile in Bezug auf Wirkungsgrad und Leistungsdichte auf und werden daher häufig dort eingesetzt, wo es auf eine kompakte Bauweise ankommt.

7.1.1 Modell der PSM

Die mathematische Beschreibung einer PSM mit vergrabenen Magneten wird mit der Abb. 7.3 erläutert. Die Ständerströme und die Ständerflüsse können, wie bei der ASM, als Raumzeiger im ständerfesten α/β-Koordinatensystem dargestellt werden. Aufgrund des anisotropen Rotors ist zur mathematischen Beschreibung ein drehendes Koordinatensystem, welches fest mit der Pollage verbunden ist, erforderlich. Bei diesen d/q-Koordinaten liegt die d-Achse in Richtung des Feldes der Permanentmagnete. Das ständerfeste und das rotorfeste Koordinatensystem sind um den zeitabhängigen Winkel $\gamma(t)$ gegeneinander verdreht. Ein Raumzeiger kann, wie in Abschn. 4.2 gezeigt, vom ständerfesten Koordinatensystem in das rotorfeste Koordinatensystem transformiert werden.

$$\underset{\rightarrow}{x}^{S} = \underset{\rightarrow}{x}^{R} \cdot e^{+j\gamma(t)} \quad \text{oder} \quad \underset{\rightarrow}{x}^{R} = \underset{\rightarrow}{x}^{S} \cdot e^{-j\gamma(t)} \tag{7.1}$$

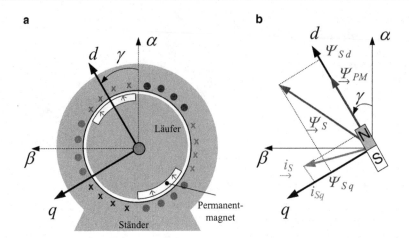

Abb. 7.3 Modell einer PSM mit $p = 1$ im statorfesten α/β-Koordinatensystem und im rotorfesten d/q-Koordinatenssystem mit $L_q > L_d$

Dabei wird durch die Hochstellung ^{S} oder ^{R} am Raumzeiger das gültige Koordinatensystem angegeben.

Wie für jede Drehfeldmaschine ist auch für die PSM die Ständerspannungsgleichung

$$\underset{\rightarrow}{u_S}{}^S = R_S \cdot \underset{\rightarrow}{i_S}{}^S + \frac{d\underset{\rightarrow}{\psi_S}{}^S}{dt} \tag{7.2}$$

gültig. Um diese Gleichung zu analysieren, ist es sinnvoll, diese in das rotorfeste Koordinatensystem zu transformieren. Dabei ist es notwendig, sowohl den Stromraumzeiger $\underset{\rightarrow}{i_S}{}^R = i_{Sd} + j \cdot i_{Sq}$ und den Spanungsraumzeiger $\underset{\rightarrow}{u_S}{}^R = u_{Sd} + j \cdot u_{Sq}$ als auch den Flussraumzeiger $\underset{\rightarrow}{\psi_S}{}^R = \psi_{Sd} + j \cdot \psi_{Sd}$ in rotorfesten Koordinaten auszudrücken. Wobei die Ständerflusskomponenten im rotorfesten Koordinatensystem

$$\psi_{Sq} = L_q \cdot i_{Sq} \quad \text{und} \tag{7.3}$$

$$\psi_{Sd} = L_d \cdot i_{Sd} + \psi_{PM} \tag{7.4}$$

vom Ständerstrom und vom Fluss ψ_{PM} der Permanentmagnete abhängen. Wie bereits erläutert, sind die Induktivitäten der Ständerwicklungen abhängig vom Rotorwinkel γ. Ruft ein Ständerstrom einen magnetischen Fluss hervor, der in Richtung der d-Achse gerichtet ist, so muss dieser Fluss den magnetischen Widerstand des Luftspaltes und den magnetischen Widerstand der Permanentmagnete überwinden. Beide magnetischen Widerstände sind groß, da sowohl in der Luft als auch für den Permanentmagneten eine relative Permeabilität $\mu_r = 1$ angenommen werden kann. Entsprechend klein ist die zugehörige Induktivität L_d. Erzeugt der Ständerstrom einen magnetischen Fluss in Richtung der q-Achse, so verlaufen die Feldlinien überwiegend im Eisen. Deshalb ist Querinduktivität L_q bei einer IPMSM

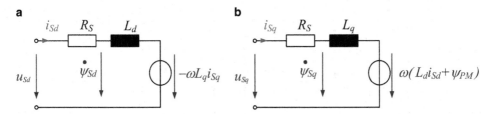

Abb. 7.4 Ersatzschaltung der PSM in d/q-Koordinaten

deutlich größer als die Längsinduktivität L_d. Bei Maschinen mit Oberflächenmagneten sind diese Induktivitäten etwa gleich groß: $L_d \approx L_q$. Wird nun die Ständerspannungsgleichung im rotorfesten Koordinatensystem dargestellt, erhält man für die d-Komponente:

$$u_{Sd} = R_S \cdot i_{Sd} + L_d \frac{di_{Sd}}{dt} - \omega L_q i_{Sq} \tag{7.5}$$

und die q-Komponente

$$u_{Sq} = R_S \cdot i_{Sq} + L_q \frac{di_{Sq}}{dt} + \omega \left(i_{Sd} L_d + \psi_{PM} \right) \tag{7.6}$$

Dabei ist $\omega = \frac{d\gamma}{dt}$ die elektrische Winkelgeschwindigkeit. Diese zwei Spannungsgleichungen können auch mit den Ersatzschaltbildern in Abb. 7.4 dargestellt werden. Die elektrische Leistung, die an den Spannungsquellen geleistet wird, wandelt die PSM in mechanische Leistung um.

$$P_{el.} = \frac{3}{2} \left(-\omega L_q i_{Sq} i_{Sd} + \omega \left(i_{Sd} L_d + \psi_{PM} \right) i_{Sq} \right) = P_{mech} = \frac{\omega}{p} M_i \tag{7.7}$$

Der Vorfaktor $\frac{3}{2}$ ist, wie in Abschn. 4.3 gezeigt, bei der Berechnung der Leistung mit Raumzeigergrößen als Skalierungsfaktor notwendig. Aus dieser Leistungsbeziehung kann die Drehzahl gekürzt und das innere Moment der Maschine

$$M_i = \frac{3}{2} p \left(\underbrace{\psi_{PM} \cdot i_{Sq}}_{\sim\,\text{Hauptmoment}} + \underbrace{\left(L_d - L_q \right) \cdot i_{Sd} \cdot i_{Sq}}_{\sim\,\text{Reluktanzmoment}} \right) \tag{7.8}$$

berechnet werden. Das innere Moment der PSM setzt sich aus zwei Anteilen zusammen. Das Hauptmoment wird durch den magnetischen Fluss ψ_{PM} der Permanentmagnete und der Querkomponente des Ständerstroms i_{Sq} gebildet. Das Reluktanzmoment ist auf unterschiedliche magnetische Widerstände in Längs- und Querrichtung des Rotors zurückzuführen. Dieser Term in der Drehmomentengleichung entfällt bei $L_d = L_q$ oder wenn $i_d = 0$ ist.

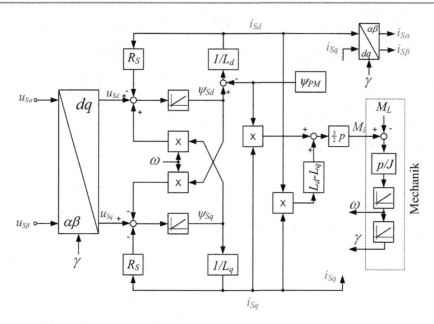

Abb. 7.5 Signalflussplan der permanenterregten Synchronmaschine

Die elektrische Winkelgeschwindigkeit ω und die mechanische Drehzahl n sind über die Polpaarzahl p starr miteinander verknüpft.

$$\omega = 2\pi \cdot n \cdot p \tag{7.9}$$

Weiterhin muss die Bewegungsgleichung

$$M_i - M_L = J \cdot 2\pi \cdot \frac{dn}{dt} = \frac{J}{p} \cdot \frac{d\omega}{dt} \tag{7.10}$$

als Funktion der elektrischen Winkelgeschwindigkeit aufgestellt werden. Der elektrische Winkel γ berechnet sich aus dem Integral der Winkelgeschwindigkeit und dem Anfangs-winkel γ_0.

$$\gamma = \int \omega dt + \gamma_0 \tag{7.11}$$

Damit stehen alle Beziehung zur Verfügung, um den Signalflussplan entsprechend Abb. 7.5 aufzustellen. Die Ständerspannungen werden zunächst mithilfe des Polradwinkels γ in das rotierende d/q-Koordinatensystem transformiert. Die im Signalflussplan berechneten Ströme i_{Sd} und i_{Sq} werden mit der inversen Transformation in das ständerfeste Koordina-tensystem transformiert, um die α/β-Ströme zu erhalten. Mit diesem Signalflussplan kann das Grundwellenverhalten einer PSM mit Reluktanzeinflüssen ($L_d \neq L_q$) modelliert wer-den.

Abb. 7.6 Raumzeigerdiagramm für den quasistationären Betrieb einer PSM mit $i_q > 0$ und $i_d < 0$

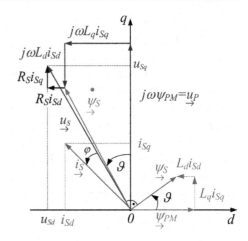

7.1.2 Quasistationärer Betrieb einer PSM

Im quasistationären Betrieb wird eine PSM mit einer sinusförmigen Drehspannung konstanter Frequenz und Amplitude gespeist. Sind alle Ausgleichvorgänge abgeschlossen, schwingen die resultierenden Ständerströme mit der gleichen Frequenz und weisen eine konstante Amplitude auf. Dabei entwickelt die PSM ein konstantes inneres Moment M_i bei einer konstanten Drehzahl $n = f/p$. Werden in diesem Betriebszustand der Ständerspannungs- und der Ständerstromzeiger in das rotorfeste d/q-Koordinatensystem transformiert, so sind die d- und q-Komponenten der jeweiligen Raumzeiger konstante Gleichgrößen. Unter diesen Voraussetzungen sind die Ableitungen $di_{Sd}/dt = 0$ und $di_{Sq}/dt = 0$. Damit vereinfachen sich die Spannungsgleichungen 7.5 und 7.6 zu:

$$u_{Sd} = R_S \cdot i_{Sd} - \omega L_q i_{Sq}$$
$$u_{Sq} = R_S \cdot i_{Sq} + \omega L_d i_{Sd} + \omega \psi_{PM} \tag{7.12}$$

Die durch das Feld der rotierenden Permanentmagnete induzierte Spannung

$$\underset{\rightarrow}{u_P} = j\omega \cdot \underset{\rightarrow}{\psi_{PM}} \tag{7.13}$$

wird Polradspannung genannt. Dabei ist zu beachten, dass hier die Polradspannung, wie auch alle anderen Größen in der Raumzeigerdarstellung, als Amplitudenwerte angegeben werden. Die Polradspannung ist proportional zur elektrischen Winkelgeschwindigkeit ω. Die Raumzeigergrößen einer PSM sind in Abb. 7.6 dargestellt. Aus der Lage des Flussraumzeigers $\underset{\rightarrow}{\psi_{PM}}$, der auf der d-Achse eingezeichnet wird, ergeben sich alle weiteren Zeiger der PSM.

Der Polradwinkel ϑ ist der vom Ständerfluss- und Permanentfluss-Raumzeiger eingeschlossene Winkel. Durch diesen Winkel ist der Betriebszustand einer PSM eindeutig gekennzeichnet. Eilt der Ständerfluss- dem Permanentfluss-Raumzeiger vor ($\vartheta > 0$), liegt Motorbetrieb vor. Ist der Polradwinkel $\vartheta < 0$, so arbeitet die PSM als Generator.

Bei isotropen Maschinen mit $L_d = L_q$ wird unterhalb der Nennfrequenz der Strom $i_{Sd} = 0$ vorgegeben, da dieser Strom keinen Beitrag zum Drehmoment der Maschine liefert. Wegen der mit der Kreisfrequenz ansteigenden Polradspannung, muss, wenn die Ständerspannung der PSM die maximale Stromrichterspannung erreicht, ein negativer i_{Sd}-Strom eingeprägt werden. Ein negativer d-Strom schwächt das Feld der Permanentmagnete und verringert, wie in Abb. 7.6 dargestellt, die Spannung an den Klemmen der Maschine. Dieser Betriebszustand wird deshalb Feldschwächung genannt.

Wenn $L_q > L_d$ ist, muss auch bei kleinen Drehzahlen nach dem optimalen Verhältnis von i_{Sq} und i_{Sd} gesucht werden, um das geforderte Moment mit minimalem Strom zu erreichen. Dieser Zusammenhang wird in Abschn. 7.1.4 noch genauer erläutert.

7.1.3   Regelung einer PSM

Um bei einer PSM mit möglichst hoher Dynamik das Drehmoment einzustellen, sind die d- und q-Komponenten des Ständerstroms zu regeln. Da mit diesen Stromkomponenten das Drehmoment entsprechend Gl. 7.8 eingestellt werden kann. Im stationären Betrieb sind diese Stromkomponenten konstant und deshalb besonders einfach zu regeln. Diese Stromregelung erfolgt im rotorfesten Koordinatensystem und wird daher auch als polradorientierte Regelung bezeichnet.

Den Signalflussplan zur Stromregelung in polradfesten Koordinaten zeigt die Abb. 7.7. Der Ständerstrom wird in zwei Strängen der PSM gemessen und mithilfe der Rotorlage γ in das rotierende Koordinatensystem transformiert. Für diese Koordinantentransformation ist die Kenntnis der Rotorlage notwendig, diese wird üblicherweise mit mechanischen Drehgebern gemessen. Die so berechneten d- und q-Stromkomponenten werden als Istwerte den jeweiligen Stromreglern zugeführt. Die Ausgänge der Stromregler bilden die jeweiligen Ständerspannungskomponenten u_{Sq} und u_{Sd} in polradfesten Koordinaten. Diese beiden Spannungskomponenten werden in das ständerfeste α/β-Koordiantensystem transformiert und mithilfe einer PWM über einen Pulswechselrichter auf die PSM geschaltet. Die Stromsollwerte $i_{Sd\,soll}$ und $i_{Sq\,soll}$ werden so vorgegeben, dass mit einem möglichst kleinen Strom das gewünschte Moment erreicht wird.

Wie in der Ersatzschaltung der PSM in Abb. 7.4 zu erkennen, induziert der q-Strom in der d-Masche und der d-Strom in der q-Masche jeweils eine Spannung. Dadurch sind beide Maschen miteinander verkoppelt. Diese Spannungen wirken als Störgrößen in den Stromregelkreisen. Um beide Stromregelkreise zu entkoppeln, können diese Spannungen berechnet und zu den Ausgangsgrößen der Stromregler addiert werden. Diese Maßnahme wird in diesem Zusammenhang als Entkopplung bezeichnet.

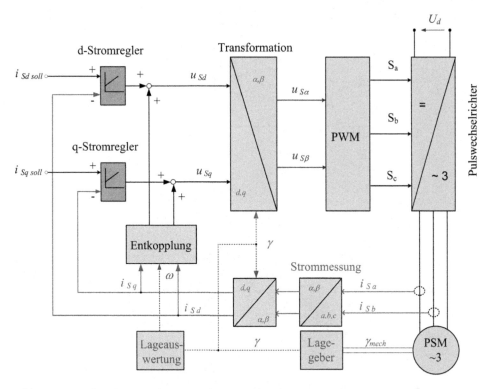

Abb. 7.7 Grundstruktur einer Stromregelung in polradfesten Koordinaten

7.1.4 Optimierte Betriebsführung der PSM

Die optimierte Betriebsführung wird zunächst an einer isotropen PSM mit $L_d = L_q$ untersucht. Für diese Bauform vereinfacht sich die Drehmomentgleichung zu:

$$M_i = \frac{3}{2} \cdot p \cdot \psi_{PM} \cdot i_{Sq} \tag{7.14}$$

Somit ist das Moment der Maschine nur noch von der Querkomponente des Ständerstroms i_{Sq} abhängig. Zeichnet man in der i_{Sd}/i_{Sq}-Ebene Trajektorien mit konstantem Moment, so verlaufen diese parallel zur d-Achse (siehe Abb. 7.8a). Zulässige Betriebspunkte besitzen einen Ständerstrom-Raumzeiger, dessen Betrag kleiner als der maximal zulässige Strom ist.

$$i_{S\,max} \geq i_S = \sqrt{i_{Sd}^2 + i_{Sq}^2} \tag{7.15}$$

Damit beschränkt sich der mögliche Arbeitsbereich in der i_{Sd}/i_{Sq}-Ebene auf einen Kreis mit dem Radius $i_{S\,max}$. Um mit einem vorgegeben Strombetrag das maximal mögliche Moment zu erhalten, wird bei dieser Maschine der Strom $i_{Sd} = 0$ vorgegeben. Diese Vorgabe

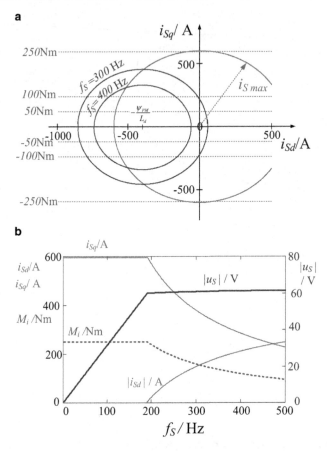

Abb. 7.8 Diagramme zur optimalen Betriebsführung einer isotropen PSM: **a** Trajektorien mit konstantem Moment, konstantem Ständerstrom $\hat{i}_S$ = 600 A und mit konstanter Ständerspannung bei unterschiedlichen Ständerfrequenzen und **b** Betriebsdiagramme als Funktion der Ständerfrequenz, Motordaten: p = 10, $L_d = L_q$ = 70 μH, ψ_{PM} = 28 mV s

ist nur möglich, so lange der Betrag der Ständerspannung kleiner als die mögliche Spannung $u_{S\,max}$ ist, die der Pulsstromrichter ausgeben kann. Der Betrag der Ständerspannung berechnet sich aus:

$$u_S = \sqrt{u_{Sd}^2 + u_{Sq}^2}$$
$$u_S = \sqrt{\left(i_{Sd}R_S - \omega L_q i_{Sq}\right)^2 + \left(i_{Sq}R_S + \omega L_d i_{Sd} + \omega\psi_{PM}\right)^2} \tag{7.16}$$

Wenn die Ständerspannung bei größeren Ständerfrequenzen die mögliche Stromrichterspannung $u_{s\,max}$ erreicht, kann durch einen zusätzlichen negativen d-Strom die Spannung an den Klemmen der Maschine reduziert werden. Bei Betrieb an der Spannungsgrenze ist die Ständerspannung auf den maximal möglichen Wert angestiegen. Dann können

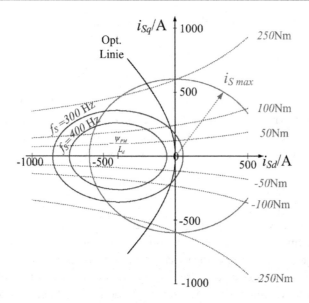

Abb. 7.9 Diagramme zur optimalen Betriebsführung einer anisotropen PSM: Trajektorien mit konstantem Moment, mit konstantem Ständerstrom $\hat{i}_S = 600$ A und konstanter Spannung bei unterschiedlichen Ständerfrequenzen, Motordaten: $p = 10$, $L_d = 70\,\mu\text{H}$, $L_q = 90\,\mu\text{H}$, $\psi_{PM} = 28\,\text{mVs}$

mithilfe der Gl. 7.16 die realisierbaren Kombinationen von d- und q-Strömen für eine konstante Frequenz als Kreis in der d/q-Ebene dargestellt werden. Mit zunehmender Frequenz werden die Durchmesser der Kreise kleiner. Die Mittelpunkte dieser Kreise mit konstanter Spannung und Frequenz liegen auf der d-Achse bei $i_{Sd} = -\psi_{PM}/L_d$.

Die Betriebskennlinien der PSM im Motorbereich sind als Funktion der Frequenz in Abb. 7.8b dargestellt. Im unteren Frequenzbereich kann die Spannung linear mit der Frequenz erhöht werden. Aufgrund der Strombegrenzung ist im unteren Drehzahlbereich das Antriebsmoment konstant. Erreicht die Ständerspannung den maximal möglichen Wert, so wird ein zusätzlicher negativer d-Strom in die PSM eingeprägt. Dieser d-Strom muss mit ansteigender Frequenz erhöht werden.

Um bei einer anisotropen Maschine die Betriebspunkte so zu optimieren, dass bei vorgegebenem Strom das maximal mögliche Moment erreicht wird, ist die bereits bekannte Drehmomentgleichung

$$M_i = \frac{3}{2} p \left(\psi_{PM} i_{Sq} + \left(L_d - L_q \right) i_{Sd} i_{Sq} \right)$$

zu analysieren. In Abb. 7.9 sind die Trajektorien mit einem konstanten Moment in der i_{Sd}/i_{Sq}-Ebene eingezeichnet. Diese Trajektorien ergeben Hyperbeln. Es gilt nun, für jedes Moment eine geeignete Kombination von i_{Sd} und i_{Sq} zu finden, bei der der Strombetrag $i_S = \sqrt{i_{Sd}^2 + i_{Sq}^2}$ minimal wird. Diese Betriebspunkte liegen auf der eingezeichneten Optimallinie, diese bestimmt sich aus der Lösung der Gleichung

$$i_{Sq\,opt}^2 = i_{Sd\,opt}^2 + i_{Sd\,opt}\frac{\psi_{PM}}{L_d - L_q} \tag{7.17}$$

In [18] wird diese Gleichung abgeleitet. Dabei sind aber nur Arbeitspunkte zulässig, die innerhalb des Kreises mit dem Radius $i_{S\,max}$ liegen. Wird die PSM an der Spannungsgrenze betrieben, so verlaufen die möglichen Arbeitspunkte für eine feste Frequenz bzw. Drehzahl auf einer Ellipse. Mit zunehmender Frequenz verengen sich die Ellipsen um den Punkt $(-\psi_{PM}/L_d, 0)$.

Zusammenfassung

In diesem Kapitel wurden die unterschiedlichen Bauformen und Einsatzgebiete der Synchronmaschinen, sowie deren Funktionsweise erläutert. Detailliert wurde die permanenterregte Synchronmaschine beschrieben und ein Modell der Maschine abgeleitet. Mithilfe der Stromregelung in rotorfesten Koordinaten kann das Drehmoment der Maschine hochdynamisch geregelt werden. Mit geeigneten Regelstrategien kann eine geeignete Kombination von i_{Sd} und i_{Sq}-Strömen gefunden werden, um bei einem vorgegebenen Strombetrag das maximal mögliche Moment zu erreichen.

7.2 Übungsaufgaben

Übung 7.1

Geben Sie die Berechnungsvorschrift an, um die Koordinatentransformationen vom ständerfesten in das rotorfeste Koordinatensystem durchzuführen?

Übung 7.2

Gegeben ist eine PSM mit folgenden Daten:

$$L_d = L_q = 70\,\mu H, \quad \psi_{PM} = 28\,mV\,s, \quad \hat{i}_N = 600\,A, \quad p = 10$$

Der Ständerwiderstand der Maschine kann vernachlässigt werden. Diese Maschine wird an einem idealen Pulswechselrichter mit einer Zwischenkreisspannung $U_d = 120$ V betrieben.
a) Welche Bauform besitzt die PSM?
b) Berechnen Sie das Nennmoment der Maschine.
c) Zeichnen Sie das Raumzeigerdiagramm der Maschine bei $f_S = 100$ Hz mit einem Belastungsmoment M_N.
d) Zeichnen Sie das Betriebsdiagramm der Maschine als Funktion der Ständerfrequenz 0 Hz $< f_S < 500$ Hz.

Übung 7.3

Von einer PSM sind folgende Daten bekannt:

$$I_N = 21,7\,\mathrm{A}_{eff} \quad L_q = L_d = 8\,\mathrm{mH}$$

Mit dieser Maschine wird ein Leerlaufversuch durchgeführt. Dazu wird diese Maschine mit einer konstanten Drehzahl $n = 1500\,\mathrm{min}^{-1}$ angetrieben. Dabei wird die verkettete Spannung gemessen, deren zeitlicher Verlauf ist im folgenden Bild dargestellt.

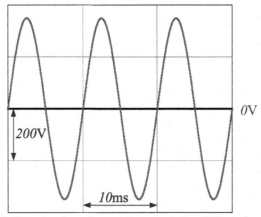

Ozillogramm der verketteten Spannung bei $n = 1500\,\mathrm{min}^{-1}$

Berechnen Sie die folgenden Größen der PSM:

a) Polpaarzahl p

b) Permanentfluss ψ_{PM}

c) Inneres Nennmoment $M_{i\,N}$

Messtechnik

Moderne drehzahlvariable Antriebe benötigen zur präzisen und dynamischen Drehmomentregelung sowie für die übergeordnete Drehzahl- und Positionsregelung elektrische und mechanische Systemgrößen. Dazu werden Sensoren im Umrichter und in der elektrischen Maschine genutzt, die von einer antriebsnahen Steuereinheit, meist ein Mikrocontroller, eingelesen und ausgewertet werden. Ebenso dienen diese Messwerte dazu, die Antriebskomponenten vor Überlastung zu schützen. Die Abb. 8.1 zeigt eine Übersicht der möglichen Messgrößen in einem Drehstromantrieb.

Zur Regelung einer Drehfeldmaschine werden die Motorströme benötigt. Gewöhnlich werden zwei Leiterströme gemessen, dann kann mithilfe der Knotengleichung der dritte Strom berechnet werden. Um einen Erdschluss im Motor zu erfassen oder zur Überprüfung der Strommesseinrichtung sind drei Motorströme zu messen, deren Summe im störungsfreien Betrieb Null ergeben muss. Diese redundante Strommessung wird häufig nur in Antriebssystemen mit erhöhten Zuverlässigkeits- oder Sicherheitsanforderungen eingesetzt.

Spannungen in einem Drehstromantrieb müssen je nach Regel- und Sicherheitskonzept an unterschiedlichen Stellen gemessen werden. Ist der Gleichrichter als Pulsstromrichter ausgeführt, müssen zur Synchronisation mit dem Netz die Netzspannungen gemessen werden. Wenn der Gleichrichter als ungesteuerter Diodengleichrichter ausgeführt ist, muss überprüft werden, ob alle drei Drehstromspannnungen vorhanden sind und zur Versorgung des Antriebes belastet werden können. Die motorseitigen Spannungen werden manchmal gemessen und dienen als Eingangsgröße für ein Echtzeitmodell des Motors. Die wichtigste zu messende Spannung eines Drehstromantriebs ist die Zwischenkreisspannung. Diese Spannung bestimmt die Spannungsbelastung der Leistungshalbleiter und darf deshalb bestimmte Grenzwerte nicht überschreiten. Weiterhin kann mit Hilfe der Zwischenkreisspannung und eines Wechselrichtermodells die Motorspannung genau berechnet werden. Dadurch ist es möglich auf eine direkte Messung der Motorspannungen zu verzichten.

J. Teigelkötter, *Energieeffiziente elektrische Antriebe*, DOI 10.1007/978-3-8348-2330-4_8,
© Vieweg+Teubner Verlag | Springer Fachmedien Wiesbaden 2013

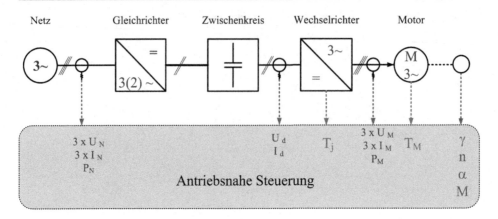

Abb. 8.1 Drehstromantrieb mit Messgrößen

Je nach Motortyp muss entweder die mechanische Drehzahl n (ASM) oder die Rotorposition γ (PSM) gemessen werden, um eine dynamische Momentregelung zu realisieren.
In einigen Anwendungen wird die Messung von mechanischen Größen vermieden. Dazu wird aus elektrischen Messgrößen und mit Hilfe eines präzisen Motormodells die gewünschte mechanischen Größe ermittelt. Dieses Vorgehen reduziert den Aufwand für die
Messtechnik, erhöht aber deutlich die Komplexität der Regelung [18].

Um die Antriebskomponenten thermisch zu schützen werden häufig Temperatursen-
soren im Kühlkörper oder in den Leistungshalbleitermodulen des Wechselrichters und im
Ständer des Motors eingesetzt. Bei einer Überschreitung einer Grenztemperatur kann zunächst der Motorstrom reduziert und bei einem weiteren Temperaturanstieg der Antrieb
vollständig abgeschaltet werden.

8.1 Messung elektrischer Größen

Für die Auswahl der Methode zur Messung einer elektrischen Größe ist der relevante
Frequenzbereich von besonderer Bedeutung. Die obere Grenzfrequenz f_g wird durch
die höchste interessierende Frequenzkomponente im Messsignal bestimmt. Das Balkendiagramm in Abb. 8.2 gibt Anhaltspunkte über die geforderte obere Grenzfrequenz bei
der Spannungs- und Strommessung für charakteristische Messaufgaben in der Antriebstechnik [14]. Mit der Tendenz zu noch höheren Betriebsfrequenzen der leistungselektronischen
Schaltungen und dem Einsatz von schnellschaltenden Leistungshalbleitern werden die
dynamischen Anforderungen an die Messtechnik weiter steigen. An der unteren Grenzfrequenz eines Sensors interessiert vor allem, ob der Gleichanteil richtig erfasst wird. Bei
Messungen am 50 Hz-Netz ist meist eine untere Grenzfrequenz von 10 bis 20 Hz ausreichend.

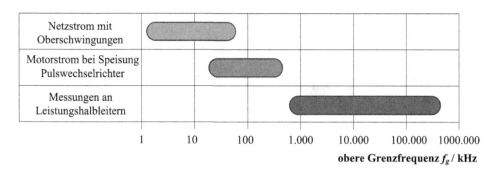

Abb. 8.2 Erforderliche obere Grenzfrequenz für unterschiedlichen Messaufgaben

8.1.1 Strommessung

Messwiderstand: Strom kann als Spannungsabfall an einem präzisen Messwiderstand (Shunt) gemessen werden, der in Reihe mit einem Verbraucher geschaltet ist. Der Stromverlauf kann dann mit einem Oszilloskop aufgezeichnet werden. Um den Stromkreis möglichst nicht zu beeinflussen, soll der Messwiderstand im Vergleich zur Verbraucherimpedanz klein sein. Typisch liegt der Messwiderstand in einem Bereich von 0,1–100 mΩ.

Aus der Ersatzschaltung in Abb. 8.3a eines Messwiderstands erkennt man, dass die abgegriffenen Messspannung u_M sich aus der Summe des ohmschen und des induktiven Spannungsabfalls zusammensetzt.

$$u_M = R_M \cdot i_M + L \cdot \frac{di_M}{dt} \tag{8.1}$$

Sollen schnell veränderliche Ströme ($di/dt > 100\,\text{A}/\mu\text{s}$) gemessen werden, so muss die Eigeninduktivität L des Messwiderstandes gering gehalten werden, damit die Spannung u_M weiterhin in guter Näherung proportional zum Strom ist. Dies gelingt durch eine koaxiale Anordnung, bei der der Strom über zwei ineinander liegenden Zylindern hin und zurück fließt. Dadurch heben sich die Magnetfelder im Messwiderstand weitgehend auf und bedingen die geringe Eigeninduktivität L. Diese Bauform ist in Abb. 8.3b dargestellt. Bei einem koaxialförmigen Messwiderstand kann eine obere Grenzfrequenz $f_g = 200$ MHz erreicht werden [36]. Der Gleichanteil des Stroms wird bei der Verwendung eines Messshunts korrekt erfasst.

Durch die Strommessung mit einem Messwiderstand entsteht eine galvanische Verbindung zwischen dem Verbraucherstromkreis und dem Messgerät, d. h. das Potenzial am Messgerät wird durch den Verbrauchstromkreis vorgegeben. Insbesondere bei der Messung mit einem Oszilloskop, bei dem die Masseleitung mit dem Gehäuse und dem Erdleiter verbunden sind, können gefährliche Spannungen zwischen Gehäuse und Erde entstehen oder Kurzschlüsse auftreten, welche die Messgeräte zerstören.

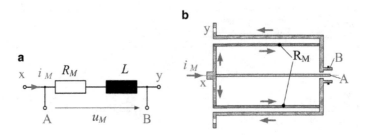

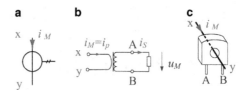

Abb. 8.3 a Ersatzschaltbild und **b** mechanischer Aufbau eines koaxialen Messwiderstand

Abb. 8.4 Stromwandler:
a Symbol, **b** Ersatzschaltbild
und **c** Ausführungsform

Stromwandler: Zur Messung von Wechselströmen können Transformatoren dienen, die als Stromwandler betrieben werden. Hierbei wird der zu messende Strom in die Primärwicklung eingeprägt. Der auf der Sekundärseite fließende Strom wird über einen niederohmigen Messwiderstand gemessen. Der Sekundärstrom ist gemäß dem Verhältnis der Windungszahlen proportional zum Primärstrom.

$$i_S = \frac{w_P}{w_S} i_P = \frac{w_P}{w_S} i_M \qquad (8.2)$$

Das entsprechende Schaltsymbol und die Ersatzschaltung ist in Abb. 8.4 dargestellt. Eine Primärwicklung mit der Windungszahl 1 ermöglicht, dass der Primärleiter nur durch eine Öffnung des Transformatorkerns geführt werden muss. Bei einem Stromwandler sind die Primär- und die Sekundärseite nur magnetisch gekoppelt. Somit sind beide Seiten galvanisch voneinander getrennt. Dieses Messprinzip erlaubt nur die Messung von Wechselgrößen. Ein möglicher Gleichstromanteil kann nicht auf die Sekundärseite übertragen werden. Je nach verwendetem Kernmaterial, werden unterschiedliche Grenzfrequenzen erreicht. In der üblichen, einfachen Bauform werden netzfrequente Ströme gemessen. Für die Messung schnellveränderliche Ströme eignen sich spezielle Impulsübertrager mit einer Grenzfrequenz von ca. 100 MHz [37].

Rogowski-Spule: Abbildung 8.5 zeigt den Aufbau einer Rogowski-Spule. Um einen toroidförmigen Kern aus einem nicht ferromagnetischen Material wird die Spule gewickelt. Dabei wird der Rückleiter im Kern zurückgeführt. Somit kann die Rogowskispule geöffnet und um einen Leiter gelegt werden. Der zu messende Strom i_M erzeugt ein Magnetfeld, welches auch die Rogowski-Spule durchsetzt. Bei einer Stromänderung ändert sich ent-

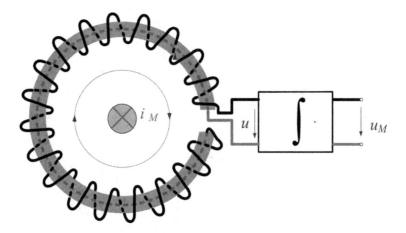

Abb. 8.5 Prinzipieller Aufbau einer Rogowski-Spule mit nachgeschaltetem Integrator

sprechend der magnetische Fluss in der Spule und induziert eine Spannung.

$$u = M\frac{di_M}{dt} \tag{8.3}$$

Wobei der Proportionalitätsfaktor M als Gegeninduktivität bezeichnet wird. Durch die Integration der Spannung an der Rogowski-Spule erhält man den gesuchten Stromverlauf.

$$u_M \sim i_M = \frac{1}{M}\int u\,dt \tag{8.4}$$

Die Integration der Spannung u erfolgt mit einer analogen Operationsverstärker-Schaltung, deren Ausgangsspannung u_M proportional zum gesuchten Stromverlauf ist [38]. Diese Ausgangsspannung ist potentialfrei und kann gefahrlos mit einem Oszilloskop aufgezeichnet werden. Da sich die Rogowski-Spule einfach um einen beliebigen Leiter legen lässt, muss der Stromkreis für den Einbau der Spule nicht modifiziert werden.

Aufgrund von Offset-Fehlern des Integrators muss ein „Weg-driften" der Ausgangsspannung verhindert werden. Deshalb wird bei diesem Messprinzip die untere Grenzfrequenz durch eine geeignete Beschaltung des Integrators vorgegeben. Mit einer Rogowski-Spule kann somit der Gleichanteil eines Stromes i_M nicht gemessen werden. Aufgrund der hohen Grenzfrequenz und der geringen Rückwirkung auf den Messkreis wird eine Rogowski-Spule häufig zur Untersuchung des Schaltverhalten von Leistungshalbleitern eingesetzt.

Hall-Wandler: Hierbei wird über ein Hall-Element das magnetische Feld eines stromdurchflossenen Leiters zur Strommessung genutzt.

Ein direkt abbildender Stromwandler besteht entsprechend Abb. 8.6a aus einem geschlitzten, ferromagnetischen Ringkern und einem Hall-Element mit linearem Übertra-

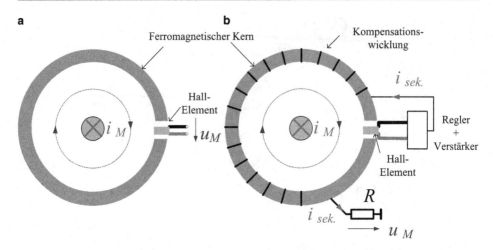

Abb. 8.6 Strommessung mit einem Hall-Wandler: **a** direkt abbildender Hall-Wandler und **b** kompensierter Hall-Wandler

gungsverhalten. Der Ringkern wird benötigt, um das magnetische Feld des Leiters zu konzentrieren und gegen äußere Störfelder abzuschirmen. Das Hall-Element wird im Luftspalt des Ringkerns positioniert und gibt eine zum Strom proportionale Spannung aus. Dieses Messprinzip ermöglicht eine nahezu verlustfreie Strommessung (bis auf die Versorgung der Elektronik) und eine galvanische Trennung zwischen dem Messkreis und der Auswerteelektronik bei relativ geringen Kosten. Nachteilig bei diesem Verfahren ist eine mögliche magnetische Sättigung des Ringkerns bei größeren Strömen sowie die Temperaturabhängigkeit und Linearitätsfehler des Hall-Elements. Diese Effekte können zu relativ großen Messfehlern führen.

Beim kompensierten Hall-Wandler wird auch der Fluss mit einem Ringkern geführt. Im geschlitzten Ringkern ist ein Hall-Element platziert. Zusätzlich ist wie in Abb. 8.6b dargestellt, eine Kompensationsspule aufgebracht. Das dem magnetischem Fluss proportionale Ausgangssignal des Hall-Elementes wird als Eingangsgröße für den Regelkreis verwendet. Über einen Verstärker wird der Strom $i_{sek.}$ in die Kompensationswicklung einprägt, so dass das Magnetfeld im Ringkern kompensiert wird. Somit ist Stromfluss in der Kompenationswicklung $i_{sek.}$ proportional zum Messstrom i_M. Der Kompensationsstrom kann mittels eines Messwiderstandes R in eine Spannung umgewandelt und erfasst werden. Da in dieser Konfiguration der Gesamtfluss im Ringkern auf Null geregelt wird, kann der Ringkern nicht sättigen und temperaturbedingte Änderungen der magnetischen Eigenschaften des Ringkerns und ein Linearitätsfehler des Hall-Elementes wirken sich nicht auf die Genauigkeit bei der Strommessung aus. Nachteilig ist der erhöhte Schaltungsaufwand und der vergleichsweise hohe Energieverbrauch. Ein kompensierter Hall-Wandler zeichnet sich durch eine hohe Messgenauigkeit bei der Messung von Gleich- und Wechselströmen aus.

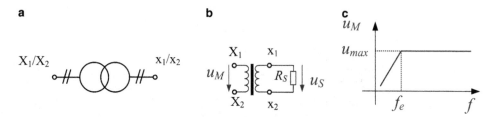

Abb. 8.7 Induktiver Spannungswandler: **a** Symbol, **b** Schaltzeichen und **c** frequenzabhängiger Maximalwert der Messspannung

8.1.2 Spannungsmessung

Spannungswandler: Für die potenzialgetrennte Messung von niederfrequenten Wechselspannungen können induktive Spannungswandler eingesetzt werden. Diese bestehen, wie in Abb. 8.7b angedeutet, aus einem Eisenkern mit zwei Wicklungen. Die Primärwicklung wird an die zu messende Spannung u_M gelegt. Auf der Sekundärseite kann dann eine Spannung

$$u_S = \frac{w_S}{w_p} u_M \tag{8.5}$$

gemessen werden, die proportional zur Primärspannung u_M ist. Dabei ist der Proportionalitätsfaktor über das Verhältnis der Windungszahlen einstellbar. Auf der Sekundärseite sollte der Belastungswiderstand R_S möglichst hochohmig sein, damit der proportionale Zusammenhang zwischen Primär- und Sekundärspannung gilt. Induktive Spannungswandler eignen sich besonders für die Messung der Netz- und Motorspannung. Dabei ist die obere Grenzfrequenz bei üblichen Bauformen auf einige hundert Hertz begrenzt. Weiterhin muss beachtet werden, dass bei kleinen Frequenzen die maximal möglich Messspannung, wie in Abb. 8.7c skizziert ist, abgesenkt werden muss, um eine Sättigung des Eisenkerns zu vermeiden.

Differenzverstärker: Abbildung 8.8 zeigt eine Operationsverstärkerschaltung mit der eine Spannungsdifferenz zwischen zwei Punkten gemessen werden kann. Die Ausgangsspannung ist entsprechend

$$u_o = -\frac{R_2}{R_1} u_M \tag{8.6}$$

proportional zur Differenzspannung u_M. Um hohe Spannungen mit dieser Schaltung zu messen, werden die Vorwiderstände R_1 hochohmig gegenüber den Widerständen R_2 gewählt. Aus Sicherheitsgründen werden die hochohmigen Vorwiderstände R_1 aus einer Reihenschaltung von mehreren Widerständen gebildet. Eine mögliche Gleichtaktspannung u_{Gl} wird von dieser Differenzverstärkerschaltung unter idealisierten Bedingungen nicht übertragen. Infolge dieser Gleichtaktspannungen können jedoch Ströme fließen, die aber durch die hochohmigen Vorwiderstände sehr klein sind.

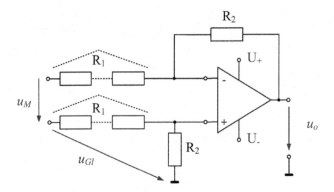

Abb. 8.8 Differenzverstärker zur Spannungsmessung in einem Drehstromantriebsystem

Diese Differenzverstärkerschaltung besitzt nicht den Vorteil der Potenzialtrennung, wie z. B. der induktive Spannungswandler, aber bei richtiger Dimensionierung der Widerstände kann der Differenzverstärker auch bei hohen Spannungen ohne Sicherheitsrisiko eingesetzt werden. Bei der Spannungsmessung werden Gleichanteil sowie höherfrequente Spannungsanteile mit dieser Differenzverstärkerschaltung richtig erfasst.

8.1.3 Leistungsmessung

Die aufgenommene oder übertragene elektrische Leistung ist eine wichtige Größe zur Charakterisierung von Komponenten in der Antriebstechnik. Aus dem Produkt von Strom $i(t)$ und Spannung $u(t)$ berechnet sich der Augenblickswert der elektrischen Leistung:

$$p(t) = i(t) \cdot u(t). \tag{8.7}$$

Um den Zeitverlauf der Leistung bei Übergangs- oder Ausgleichsvorgängen zu messen, kann mit einem Digitaloszilloskop sowie mit geeigneten Sensoren der Strom- und Spannungsverlauf abgetastet und die diskreten Werte gespeichert werden. Die Multiplikation dieser abgetasteten Messwerte ergeben dann die Leistungswerte.

$$p(t_k) = i(t_k) \cdot u(t_k) \tag{8.8}$$

Bei Ausgleichsvorgängen interessiert nicht nur der Zeitverlauf der Leistung sondern insbesondere das Integral der Leistung, also die Energie, die im betrachten Zeitraum T_S umgesetzt wird. Mit den abgetasteten Spannungs- und Stromwerten kann das Integral zur Energieberechnung durch eine Summe berechnet werden.

$$W = \int_0^{T_S} i(t)u(t)dt \approx \frac{T_S}{N} \sum_{k=0}^{N} i(t_k) \cdot u(t_k) \tag{8.9}$$

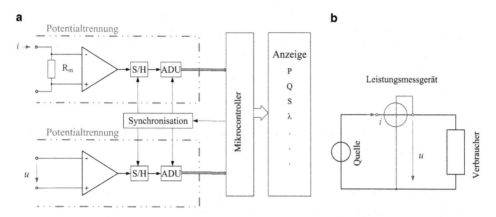

Abb. 8.9 Digitales Leistungsmessgerät: **a** Arbeitsprinzip und **b** Schaltsymbol

Mit dieser Messmethode werden z. B. die Schaltverluste von Leistungshalbleitern bestimmt. Bei der Untersuchung von modernen Leistungshalbleitern mit kurzen Schaltzeiten ist die richtige Auswahl der Strom- und Spannungssensoren besonders wichtig. Insbesondere müssen die Verzögerungszeiten in beiden Messkanälen gleich groß sein, da sonst die Leistung falsch berechnet wird.

Um die aufgenommene oder abgegebene Wirkleistung einer Antriebskomponente zu messen, werden häufig digitale Leistungsmessgeräte eingesetzt. Abbildung 8.9a zeigt deren prinzipiellen Aufbau. Für jede Messgröße ist ein potenzialgetrennter Messkanal vorgesehen. Die Messgrößen werden zunächst mit einem Sample und Hold-Glied (S/H) abgetastet und danach mit einem Analog-Digital Umsetzer (ADU) digitalisiert. Ein Mikrocontroller synchronisiert die Umsetzung und berechnet aus den digitalisierten Messwerten die Wirkleistung sowie weitere Leistungsgrößen. In Abb. 8.9b ist das Schaltbild und die Verschaltung eines Leistungsmessgerätes in einer Wechselstromschaltung dargestellt. Der Strom-Messkanal wird in Reihe und der Spannungs-Messkanal parallel zum Verbraucher geschaltet.

Um die Leistungsaufnahme eines beliebigen Verbrauchers am Drehspannungsnetz mit Neutralleiter zu messen, werden drei Leistungsmessgeräte benötigt. Diese Messgeräte müssen dazu entsprechend Abb. 8.10a verschaltet werden. Die gesamte Wirkleistung des Verbrauchers ergibt sich dann aus der Summe der gemessenen Einzelleistungen.

$$P = P_1 + P_2 + P_3 \qquad (8.10)$$

Wird ein Motor über einen Pulsstromrichter gespeist, so ist der Neutral- oder Sternpunktleiter nicht herausgeführt. Um hierbei die Leistung zu messen, muss zunächst mithilfe von drei gleichen Widerständen R ein künstlicher Sternpunkt N' gebildet werden. Dann können die drei Leistungsmessgeräte wie im ersten Fall angeschlossen werden (siehe Abb. 8.10b). Um die Anzahl der Leistungsmessgeräte zu reduzieren, kann die bekannte

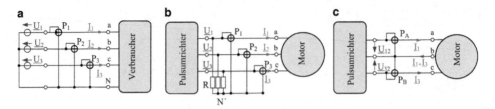

Abb. 8.10 Grundschaltungen zur Leistungsmessung in Drehstromsystemen: **a** Vierleitersystem, **b** Dreileitersystem mit künstlichem Sternpunkt und **c** Aronschaltung

Aronschaltung, wie in Abb. 8.10c dargestellt, eingesetzt werden. Hierbei wird ein Leiter als Rückleiter und somit gemeinsamer Bezugspunkt für die Spannungsmessung gewählt. Die Motorleistung ergibt sich aus der Summe $P_A + P_B$.

8.2 Messung mechanischer Größen

Um eine Drehfeldmaschine mit hoher Dynamik zu regeln, werden als Messgrößen die Drehzahl oder die Rotorlage benötigt. Bei besonders hohen dynamischen Anforderungen kann zusätzlich die Beschleunigung gemessen werden. Um Drehfeldantriebe am Prüfstand zu vermessen, werden weiterhin Drehmomentsensoren eingesetzt. Für die Messung dieser mechanischen Größen gibt es eine Vielzahl von Sensoren, die

- magnetische,
- induktive,
- ohmsche,
- kapazitive oder
- optische

Effekte nutzen. Genauigkeitsanforderungen, Messbereich sowie Einbau- und Umgebungsbedingungen sind bei der Auswahl der Sensoren zu berücksichtigen. Aufgrund der Vielzahl von unterschiedlichen Sensoren, kann hier nur eine Übersicht erfolgen. Wobei nur praxisrelevante Typen genauer erläutert werden.

8.2.1 Drehzahl- und Lagemessung

Die Sensoren zur Drehzahl- oder Lagemessung bei elektrischen Maschinen werden häufig als Drehzahl- oder Lagegeber bezeichnet. Bei rotierenden Maschinen werden Drehgeber und bei Linearmotoren werden Lineargeber eingesetzt, die nach gleichen Prinzipien arbeiten.

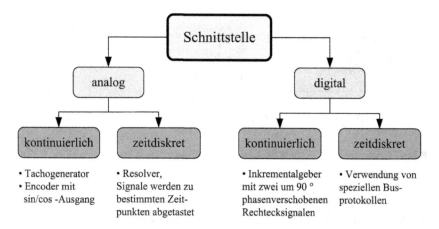

Abb. 8.11 Einteilung der Schnittstellen für Drehzahl- und Lagegeber

Geber, die eindeutig und reproduzierbar im Bezug auf einen festen Nullpunkt die Rotorlage ausgeben, werden als Absolutwert-Lagegeber bezeichnet. Bei absoluten Lagegebern wird zwischen einem Single-Turn-Absolutgeber, der die Lage innerhalb einer Umdrehung messen kann, und einem Multi-Turn-Geber, der die Lageinformation über mehrere mechanische Umdrehungen liefert, unterschieden. Ein inkrementeller Lagegeber gibt die Änderung der Lage innerhalb eines Messzeitraums aus. Die Lageinformation wird häufig von einem Zähler geliefert, der die Impulse (Inkremente) vom Geber zählt.

Die Information zwischen Geber und Stromrichter werden über unterschiedliche Schnittstellen ausgetauscht, deren Ausführung herstellerspezifisch ist. In der Industrie haben sich im Laufe der Zeit entsprechend Abb. 8.11 verschiedene Schnittstellen etabliert. Der Informationsaustausch kann über analoge oder digitale Signale erfolgen. Weiterhin stehen bei einigen Gebern die Informationen kontinuierlich zur Verfügung. Bei anderen muss zu diskreten Zeitpunkten die Information eingelesen werden.

Tachogeneratoren: Mit einem Tachogenerator kann die Drehzahl von rotierenden Maschinen gemessen werden. Der Tachogenerator wird dabei über eine Kupplung mit der Antriebswelle der elektrischen Maschine gekoppelt. Tachogeneratoren sind permanent erregte Gleich- oder Wechselstrommaschinen.

Das Ersatzschaltbild eines Gleichstromtachos mit dem zugehörigen Signalpfad stellt Abb. 8.12a dar. Bei einem Gleichstromtacho ist die Leerlaufspannung U_0 proportional zur aktuellen Drehzahl n. Das Spannungssignal des Tachos wird über ein Kabel an die Steuereinheit des Stromrichters geführt und über einen Spannungsteiler (R_1, R_2) an den Arbeitsbereich des Analog-Digital-Umsetzers (ADU) angepasst. Damit kann die Steuereinrichtung mithilfe der Kennlinie in Abb. 8.12b in Echtzeit die aktuelle Drehzahl berechnen. Die Drehrichtung der Maschine ergibt sich aus der Polarität der Spannung an den Klemmen des Tachos.

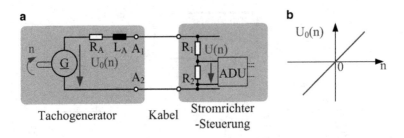

Abb. 8.12 a Ersatzschaltbild und b Kennlinie eines Tachgenerators

Ein besonderer Vorteil eines Tachogenerators ist seine Unabhängigkeit von einer Hilfs-
energie. Da ein Gleichstromtacho wie eine gewöhnliche Gleichstrommaschine Bürsten besitzt, müssen diese häufiger gewartet werden. Aus diesem Grund werden Tachogeneratoren
heute nur noch selten eingesetzt, z. B. bei Bremsmaschinen in kleineren Motorprüfständen.

Sin/Cos-Geber: Dieser Geber besitzt analoge Ausgangssignale. Wie in Abb. 8.13 dargestellt, wird entweder eine Scheibe oder ein Lineal mit äquidistanten Teilungsperioden als
Maßstab über Sensoren abgetastet. Durch die räumlich versetzten Sensoren, gibt dieser
Sensor eine sinus- und cosinusförmige Spannung aus. Je nach Anwendungsbereich und
Genauigkeitsanforderungen kommen unterschiedliche Messprinzipien zum Einsatz. Eine
vollständige Sinus- oder Cosinusschwingung entspricht einer Verschiebung um Δs oder
einer Drehung um $\Delta \varphi$. In Abb. 8.13c sind diese Spannungen als Spur A und B gekennzeichnet.

Zur Auswertung der Gebersignale werden diese Spannungen über Analog-Digital-
Umsetzer eingelesen. Aus der Berechnungsvorschrift $\arctan(A/B)$ kann die Feinlage
innerhalb der aktuellen Teilungsperiode berechnet werden. Zusätzlich werden die analogen Signale mit zwei Schmitt-Trigger in digitale Signale umgeformt. Daraus ermittelt
der nachgeschaltete Zähler die Anzahl der vollständig überfahrenen Teilungsperioden, die
der Groblage entspricht. Aus der Kombination beider Informationen kann die hochaufge-
löste Lage ermittelt werden. Die Bewegungsrichtung wird aus der Phasenlage der beiden
Spannungen zueinander ermittelt.

Um die absolute Lage bei einem Sin/Cos-Geber zu erhalten, werden noch zwei zusätzliche Sinus- und Cosinusspannungen generiert, deren Periodenlänge einer kompletten
Umdrehung entsprechen.

Die Spannungssignale eines Sin/Cos-Gebers besitzen häufig einen Spitze-Spitze-Wert
von $1\,V_{SS}$. Optische Sin/Cos-Geber haben häufig eine hohe Auflösung, z. B. 2048 Teilungsperioden pro Umdrehung. Magnetisch arbeitende Sin/Cos-Geber besitzen dagegen nur
wenige Teilungsperioden pro Umdrehung.

Resolver: Der Resolver ist ein Lagegeber für rotierende Maschinen. Prinzipiell besteht
ein Resolver aus einem Rotor, der fest mit der Motorwelle verbunden ist, und einem Stator

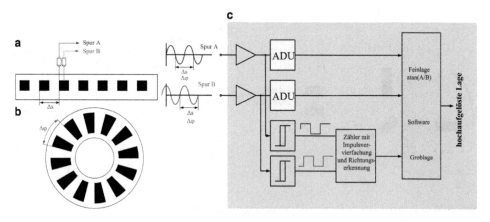

Abb. 8.13 Sin/Cos-Geber: **a** Lineal und **b** Scheibe als Maßstab sowie **c** prinzipielle Signalauswertung zur Lageermittlung

(siehe Abb. 8.14). An der Primärwicklung des Drehtransformators wird eine hochfrequente Spannung (2 bis 20 kHz) angelegt. Über den Drehtransformator wird die Erregerspule versorgt. Diese Erregerspule erzeugt ein magnetisches Wechselfeld, dessen Lage sich durch eine Drehung der Motorwelle verändert. Je nach Lagewinkel φ der Erregerwicklung werden die räumlich um 90° versetzten Stator-Spulen im Ständer vom hochfrequenten Erregerfeld durchsetzt. Dadurch werden in den Spulen Spannungen induziert, deren Amplitude von der Lage der Erregerspule abhängen. Die Spitzenwerte der Spannungen u_{sin} und u_{cos} werden über Analog-Digital-Umsetzer abgetastet und von der Steuereinheit eingelesen. Daraus kann die Winkellage des Rotors berechnet werden:

$$\varphi = \arctan\left(\frac{u_{\sin}}{u_{\cos}}\right) = \arctan\left(\frac{\ddot{u}\,\hat{u}_0\sin(\omega t)\,\sin(\varphi)}{\ddot{u}\,\hat{u}_0\sin(\omega t)\,\cos(\varphi)}\right) = \arctan\left(\frac{\sin(\varphi)}{\cos(\varphi)}\right) \qquad (8.11)$$

Diese Berechnung der Winkellage ist aufwendig, da hier eine Division notwendig ist, bei der verschiedene Fallunterscheidungen getroffen werden müssen. Deshalb werden integrierte Schaltkreise angeboten, die nach dem sogenannten Nachlaufverfahren die Signale eines Resolvers auswerten [39].

Ein Resolver ist ein robuster und kostengünstiger Drehgeber, da keine elektronischen oder optischen Bauelemente vorhanden sind. Deshalb werden Resolver häufig bei Servomotoren verwendet.

Inkrementalgeber: In vielen Antrieben mit Drehfeldmaschinen werden heute Inkrementalgeber eingesetzt. Die Lageänderungen werden dabei über Drehscheiben oder Lineale mit einer definierten Teilungsperiode von Sensoren erfasst. Die analogen Signale der Sensoren werden mit Hilfe von Komparatoren in digitale Signale (Impulse) umgeformt. In Abb. 8.15 sind die Signale eines Inkrementalgebers dargestellt. Eine Periode eines rechteckförmigen Signals entspricht dabei der Winkeländerung $\Delta\varphi$ oder einer Verschiebung

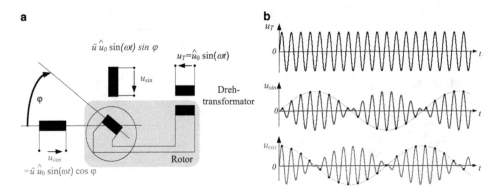

Abb. 8.14 a Prinzipieller Aufbau und **b** Spannungssignale eines Resolvers

um Δs. Die Anzahl der Impulse je Zeitintervall ist ein Maß für die Drehzahl bzw. für die Geschwindigkeit. Aus der Phasenlage zwischen den Signalen der Spuren A und B kann die Richtung der Bewegung ermittelt werden. Eilt das Signal von Spur A um 90° vor, dreht oder fährt die Maschine nach rechts. Häufig besitzt ein Inkrementalgeber einen Nullimpuls als weiteres Signal, welches von der sogenannten z Spur abgegriffen wird. Dieser Nullimpuls wird bei rotatorischen Gebern einmal je Umdrehung bzw. bei Linearmaßstäben einmal im Verfahrbereich ausgelöst. Mit Hilfe dieses Signals kann die Auswerteelektronik eine absolute Lageberechnung durchführen. Diese absolute Lageinformation liegt aber erst dann vor, wenn diese Nullmarke durchfahren wurde. Deshalb können Inkrementalgeber nach dem Einschalten nicht direkt die Anfangslage ermitteln. Dies ist bei Antrieben mit Asynchronmaschinen häufig kein Problem. Sollen die Geber zur Regelung von Synchronmaschinen eingesetzt werden, so müssen erst bestimmte Routinen zu Ermittlung der Anfangslage durchlaufen werden.

Mit einem Inkrementalgeber der z Impulse pro Umdrehung ausgibt, wird bei einfacher Auswertung eine Winkelauflösung von $2\pi/z$ erreicht. Wie in Abb. 8.15 dargestellt, kann bei der Auswertung der A und B Spur eine Teilungsperiode in vier Teilintervalle eingeteilt werden. Diese sogenannte Vierfachauswertung steigert die Winkelauflösung auf $2\pi/(4\cdot z)$.

Digitale Absolutwertgeber: Zur absoluten Winkel- und Postionsmessung werden kodierte Drehscheiben oder Lineale entsprechend Abb. 8.16 eingesetzt. Dabei wird jeder Position über kodierte Spuren, die auf ein Trägermaterial aus Glas oder Stahl aufgebracht sind, ein digitales Wort zugeordnet. Diese Spuren werden häufig mit optischen Systemen abgetastet. Dabei können unterschiedliche Kodierungsverfahren, wie z. B. Binärcode oder Graycode, verwendet werden. Aus der Anzahl der n Spuren kann die Quantisierung der Lagemessung berechnet werden:

$$\Delta \varphi = \frac{2\pi}{2^n} \quad \text{oder} \quad \Delta s = \frac{s}{2^n} \tag{8.12}$$

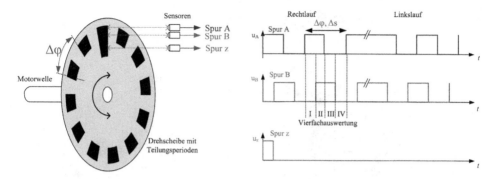

Abb. 8.15 Aufbau und und Ausgangssignale eines Inkrementalgebers

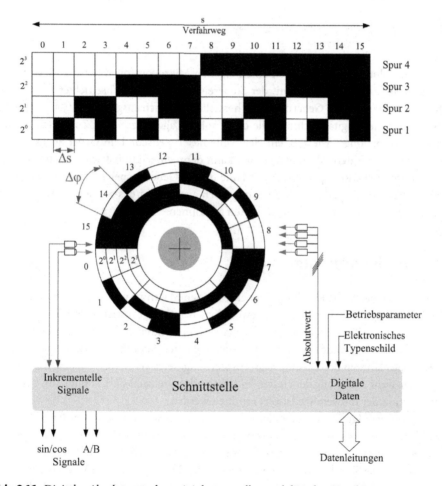

Abb. 8.16 Digitaler Absolutwertgeber mit inkrementellen und digitalen Signalen

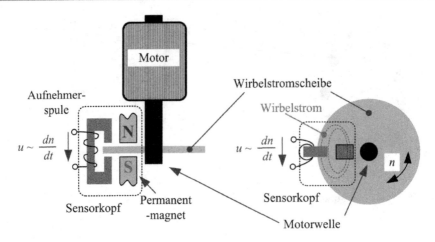

Abb. 8.17 Prinzip eines Beschleunigungssensor

Digitale Absolutwertgeber besitzen einen eigenen Mikrocontroller, der die Messung der Lage und die Kommunikation mit der Steuereinheit im Pulswechselrichter steuert. Die Schnittstellen von diesen Gebern werden herstellerspezifisch ausgeführt [40, 41, 42]. Häufig wird über eine digitale Schnittstelle die absolute Lage ausgegeben. Zusätzlich können weitere Informationen, wie z. B. ein elektronisches Typenschild im Geber abgespeichert und ausgelesen werden. Mit diesen Daten kann dann eine automatische Inbetriebnahme erfolgen, wobei die Regelparameter mit Hilfe der im Geber gespeicherten Informationen ermittelt werden. Weiterhin werden häufig noch analoge sin/cos-Signale übertragen, um schnelle Lageänderungen einfach auswerten zu können.

8.2.2   Beschleunigungsmessung

Für die hochdynamische Regelung einer elektrischen Maschine wird ein Geschwindigkeit- oder Drehzahl-Istwert benötigt. Bei gewöhnlichen Industrieantrieben werden diese Istwerte über eine Differenzierung der Lagesignale eines Inkrementalgebers ermittelt. Diese Vorgehensweise ist gerade bei einer Regelung mit kleinen Abtastzeiten sehr störungsanfällig. Alternativ können Beschleunigungssensoren eingesetzt werden, deren Ausgangssignale proportional zur Änderung der Geschwindigkeit oder Drehzahl sind. Somit kann durch eine Integration der notwendige Istwert ermittelt werden.

Zur Beschleunigungsmessung kann der Ferraris-Sensor eingesetzt werden [24] . Das Prinzip dieses Sensors soll mit der Skizze in Abb. 8.17 erläutert werden. Permanentmagnete erzeugen ein magnetisches Feld, welches eine rotierende Scheibe aus Metall durchsetzt. Bewegt sich diese Scheibe, werden entsprechend der Lenz´schen Regel Wirbelströme fließen. Diese Wirbelströme verursachen ein zusätzliches Magnetfeld, welches auch die Aufnehmerspule durchsetzt. Ändern sich die Wirbelströme und deren Magnetfelder durch

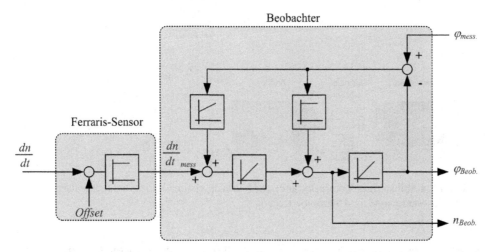

Abb. 8.18 Aufbereitung des Signals eines Ferraris-Sensor mit einem Beobachter

eine Änderung der Drehzahl, so wird eine Spannung in der Aufnehmerspule induziert. Diese induzierte Spannung ist proportional zur Relativbeschleunigung $u \sim dn/dt$ zwischen Sensorkopf und der rotierenden Scheibe. Die Messgrößen eines Ferraris-Sensors müssen aufbereitet werden, um als Istwerte bei der Regelung eines Antriebs eingesetzt werden zu können. Dazu muss zunächst das Spannungssignal der Aufnehmerspule verstärkt und anschließend mit einem Beobachter entsprechend Abb. 8.18 aufbereitet werden. Die unvermeidlichen Offset-Spannungen im Messkreis führen zu einem „Wegdriften" der Integratoren. Um dieses zu verhindern, wird die Differenz aus dem Lagesignal $\varphi_{mess.}$ des Positionsmesssystems und der berechneten Lage auf die Eingänge der Integratoren zurückgekoppelt. Mithilfe dieses Beobachters erhält man eine gute Auflösung bei der Drehzahlmessung. Weiterhin kann dieser Beobachter auch dazu genutzt werden, um die Auflösung bei der Lagebestimmung zu verbessern [24].

8.2.3 Drehmomentmessung

Die genaue messtechnische Überprüfung der Eigenschaften moderner Antriebssysteme kann häufig nur an speziellen Prüfständen erfolgen, die mit präzisen Messgeräten zur Leistungs- und Drehmomentmessung ausgerüstet sind. Darüber hinaus benötigen diese Prüfstände eine leistungsfähige Energieeinspeisung, Belastungsmaschine sowie Kühleinrichtung. Dieser Aufwand zur Überprüfung der Eigenschaften eines Antriebs ist beträchtlich.

Abbildung 8.19a zeigt einen typischen Prüfstand für eine elektrische Maschine. Um die elektrische Maschine (Prüfling) belasten zu können wird diese an eine Bremsmaschine gekuppelt. Diese Anordnung bildet einen sogenannten Maschinensatz. Dabei wird zwi-

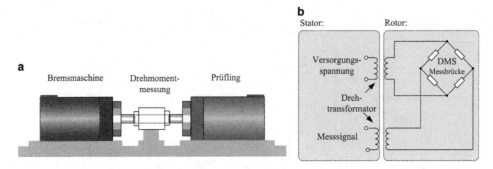

Abb. 8.19 a Aufbau eines Motorprüfstands und **b** Prinzipschaltbild eines Drehmomentsensors mit berührungsloser Energie- und Signalübertragung

schen den Maschinen eine Drehmomentmesswelle eingebaut. Bei dieser Anordnung wird die Bremsmaschine drehzahlgeregelt und die zu prüfende Maschine drehmomentgeregelt betrieben. Somit können die zu untersuchenden Betriebspunkte frei eingestellt und die erforderlichen Messwerte aufgenommen werden.

Zur Drehmomentmessung werden Dehnungsmessstreifen (DMS) auf einen Torsionskörper aufgebracht. Aufgrund eines Drehmoment wird der Torsionskörper elastisch verformt und die aufgeklebten DMS ändern ihren Widerstand. Die DMS sind zu einer Wheatstone'schen Messbrücke verschaltet. Zur Übertragung der Spannungsversorgung und des Messsignals auf und von dem rotierende Torsionskörper wurden früher Schleifringe verwendet. In modernen Drehmomentmesswellen erfolgt die Übertragung dieser Größen berührungslos über Drehtransformatoren [43]. In Abb. 8.19b ist das Prinzipschaltbild eines rotierenden Drehmomentsensors mit Drehtransformatoren dargestellt. Das Messsignal wird häufig als Analogwert ausgegeben. Zunehmend setzen sich auch bei Drehmomentsensoren serielle Schnittstellen zur Signalübertragung durch.

Zusammenfassung

Die Messung von Zustandsgrößen in elektrischen Antriebssystemen soll die Genauigkeit und die Dynamik der Drehzahl- oder Lageregelung verbessern. Gleichzeitig sollen mit diesen Messgrößen die Antriebskomponenten vor Überlastung geschützt werden. Dazu werden spezielle Sensoren eingesetzt, welche in der rauhen Betriebsumgebung eines elektrischen Antriebssystems mit hoher Zuverlässigkeit und mit der geforderten Genauigkeit arbeiten können. Um diese Anforderungen zu erfüllen, werden Sensoren mit unterschiedlichen physikalischen Messprinzipien verwendet. Damit ein Sensor sinnvoll eingesetzt und dessen Signale ausgewertet werden können, ist es wichtig, das grundsätzliche Messprinzip zu kennen.

8.3   Übungsaufgaben

Übung 8.1

Ein Sin/Cos-Geber besitzt 2048 Teilungsperioden pro Umdrehung. Die Spannungen werden über Analog-Digital-Umsetzer mit 10 Bit Wortbreite eingelesen. Welche Winkelauflösung ist unter idealen Bedingungen zu erreichen?

Übung 8.2

Die Signale eines Resolvers können nach dem sogenannten Nachlaufverfahren ausgewertet werden. Erläutern Sie mithilfe der angegebenen Literatur oder mit einer Internet-Recherche dieses Prinzip.

Übung 8.3

Mit einem Spannungswandler soll ein Spannungssignal potentialfrei übertragen werden. Die entsprechende vereinfachte Ersatzschaltung und der Zeitverlauf der Eingangsspannung $u_1(t)$ sind im nachfolgendem Bild dargestellt. Der Spannungsimpuls hat eine Länge von $T = 500\,\mu s$. Die dargestellte Schaltung beschreibt einen Impulstransformator mit der Hauptinduktiviät $L_h = 1{,}25\,mH$ und dem Vorwiderstand $R_1 = 50\,\Omega$ sowie den auf die Primärseite umgerechneten Abschlusswiderstand $R_2' = 50\,\Omega$.

Ermitteln und skizzieren Sie den Verlauf der Spannung $u_2'(t)$.

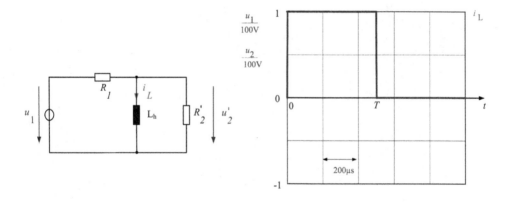

Drehzahl- und Lageregelung 9

In vielen elektrischen Antrieben, wie z. B. bei Robotern oder Werkzeugmaschinen, muss das Werkstück und das Werkzeug auf einer vorgegebenen Bahn mit einer definierten Geschwindigkeit bewegt werden. Dazu ist eine Regelung der Drehzahl bzw. Geschwindigkeit sowie der Lage notwendig. Aufbauend auf den Kap. 6 und 7, in denen detailliert die Drehmomentregelung bei Asynchron- und Synchronmaschine erläutert wurden, sollen in diesem Kapitel die Grundlagen zur Auslegung der übergeordneten Regelkreise behandelt werden.

9.1 Regelkreis

Um die mathematische Beschreibung der Regelkreise einfach zu halten, werden die Systeme durch eine Übertragungsfunktion $G(s)$ beschrieben. Mithilfe der Übertragungsfunktion kann die laplacetransformierte Ausgangsgröße

$$X_a(s) = G(s) \cdot X_e(s) \tag{9.1}$$

eines Systems aus der Eingsgangsgröße $X_e(s)$ berechnet werden [6]. Mathematisch exakt können so nur lineare, kontinuierliche und zeitinvariante Systeme beschrieben werden. Näherungsweise können aber auch abgetastete Systeme durch Übertragungsfunktionen beschrieben werden, wenn die Abtastzeit nur genügend klein gegenüber den Systemzeitkonstanten ist. Diese Voraussetzung soll hier bei der betrachteten Drehzahl- und Lageregelung von Drehfeldmaschinen erfüllt sein.

Die Abb. 9.1b zeigt ein Blockschaltbild eines einfachen Regelkreises. Die Differenz aus dem Sollwert X_{soll} und dem Istwert X_{ist} bildet die Regelabweichung E. Diese wird mit der Übertragungsfunktion des Reglers $G_R(s)$ verstärkt und als Stellgröße U auf die Regelstrecke $G_S(s)$ geschaltet.

J. Teigelkötter, *Energieeffiziente elektrische Antriebe*, DOI 10.1007/978-3-8348-2330-4_9,
© Vieweg+Teubner Verlag | Springer Fachmedien Wiesbaden 2013

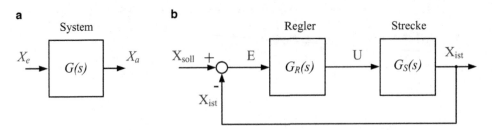

Abb. 9.1 Beschreibung von Regelkreisen: **a** Übertragungsfunktion eines Systems und **b** Blockschaltbild eines einfachen Regelkreises

Die Übertragungsfunktion des Reglers wird so gewählt, dass der geschlossene Regelkreis folgende Eigenschaften besitzt:

- Stabilität: Jeder zulässige Sollwert X_{soll} hat einen beschränkten Istwert X_{ist} zur Folge.
- Regelabweichung: Die bleibende Regelabweichung E soll im stationären Zustand gleich Null sein, auch wenn im Regelkreis Störgrößen wirken.
- Dynamisches Anregelverhalten: Bei einer Änderung des Sollwertes ist eine kurze Anregelzeit mit geringem Überschwingen gewünscht.
- Begrenzung der Stellgrößen: Im Regelkreis sollen die Stellgrößen, wie Strom, Drehmoment und Drehzahl auf zulässige Werte begrenzt werden.

Um dynamische Systeme und Regelkreise anschaulich zu beschreiben, eignet sich die Frequenzgangdarstellung. Dazu wird die Laplace-Variable $s = j\omega$ gesetzt und die Übertragsfunktion $G(s)$ geht in den Frequenzgang $G(j\omega)$ über. Der Frequenzgang eines Systems kann durch Messung experimentell ermittelt und auch technisch interpretiert werden. Zweckmäßigerweise wird der Frequenzgang $G(j\omega)$ durch seinen Amplitudengang $|G(j\omega)|$ und seinen Phasengang $\varphi(\omega)$ dargestellt.

$$G(j\omega) = |G(j\omega)| \cdot e^{j\varphi(\omega)} \tag{9.2}$$

Trägt man den Betrag $|G(j\omega)|$ in Dezibel (dB) entsprechend

$$|G(j\omega)|_{dB} = 20 \cdot lg\,|G(j\omega)| \tag{9.3}$$

und die Phase $\varphi(\omega)$ linear über der logarithmisch skalierten ω-Achse auf, so erhält man das Bodediagramm. Der Frequenzgang des offenen Regelkreises ergibt sich aus

$$G_O(j\omega) = G_R(j\omega) \cdot G_S(j\omega). \tag{9.4}$$

Um die Stabilität eines Regelkreises zu untersuchen, wird wie in Abb. 9.2 dargestellt, das Bodediagramm des offenen Regelkreises konstruiert und analysiert. Dazu wird zunächst

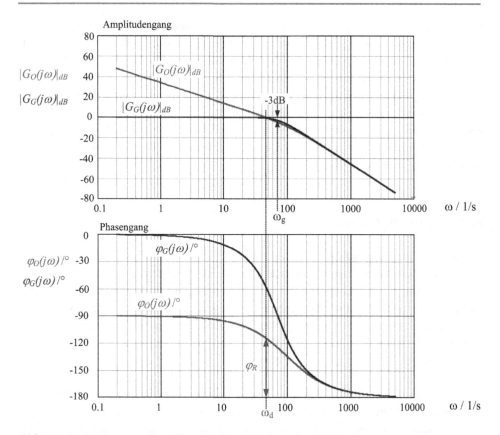

Abb. 9.2 Bode-Diagramm des offenen und geschlossenen Regelkreises

die Durchtrittsfrequenz ω_d bestimmt. Hierbei schneidet der Amplitudengang die 0 dB Linie $|G_O(\omega_d)|_{dB} = 0$. Dann wird die zu dieser Frequenz zugehörige Phase $\varphi_0(\omega_d)$ aus dem Diagramm abgelesen. Der Phasenrand ergibt sich aus dem Abstand der Phasenkennlinie von der $-180°$-Linie bei der Durchtrittsfrequenz ω_d.

$$\varphi_R = 180° + \varphi(\omega_d) \tag{9.5}$$

Um ein gut gedämpftes Einschwingverhalten bei Sollwertänderungen zu erreichen, sollte der Phasenrand zwischen $\varphi_R = 40°$ und $\varphi_R = 60°$ eingestellt werden [6]. Störgrößen im Regelkreis werden bei einem Phasenrand in einem Bereich von $\varphi_R = 20°$ bis $\varphi_R = 50°$ schnell ausgeregelt.

Aus dem Frequenzgang des offenen Regelkreises $G_O(j\omega)$ kann der Frequenzgang des geschlossen Regelkreises berechnet werden.

$$G_G(j\omega) = \frac{G_O(j\omega)}{1 + G_O(j\omega)} \tag{9.6}$$

Die Abb. 9.2 zeigt den Frequenzgang des geschlossenen Regelkreises. Bei kleinen Frequenzen ist der Amplitudengang gleich $1 \hat{=} 0$ dB und der Phasengang $\varphi_G \approx 0°$. Damit sind Istwert
und Sollwert im unteren Frequenzbereich praktisch identisch. Der Regelkreis folgt also mit
seinem Istwert in idealerweise dem Sollwert. Bei der Grenzfrequenz ω_g fällt der Amplitudengang des geschlossenen Regelkreises um 3 dB ab. Bei Sollwertsignalen, die eine höhere
Frequenz als die Grenzfrequenz ω_g besitzen, kann der Istwert dem Sollwert nicht mehr fol-
gen. Die Grenzfrequenz ω_g ist somit ein Maß für die Dynamik eines Regelkreises. Je größer
die Grenzfrequenz ist, desto schneller reagiert der geschlossene Regelkreis auf Sollwertänderungen und regelt Störgrößen aus.

9.2   Kaskadenregelung

Die Kaskadenregelung wurde in der elektrischen Antriebstechnik schon bei geregelten
Gleichstrommaschinen eingesetzt. Das Prinzip dieses Verfahrens geht aus der Abb. 9.3
hervor. Bei einer Kaskadenregelung werden mehrere Regelkreise ineinander verschachtelt.
Der innerste Regelkreis ist der Drehmomenten-Regelkreis. Dieser erhält seinen Sollwert
von dem überlagerten Drehzahlregler. Der Drehzahlregelkreis wiederum erhält seinen
Sollwert vom äußeren Positionsregler. Die Kaskadenregelung besitzt folgende positive
Eigenschaften:

- Die wichtigen Zwischengrößen im Antriebssystem, wie Drehmoment und Drehzahl,
  werden über Sollwerte vorgegeben und können somit über einfache Begrenzer im zu-
  gelassenen Betriebsbereich gehalten werden. Dadurch können Pulsstromrichter und
  Motor vor Überlastung sicher geschützt werden.
- Die Inbetriebnahme einer Kaskadenregelung ist einfach. Zuerst wird der innerste Regelkreis und dann nacheinander die übergeordneten Regelkreise einstellt und optimiert.
  Die Einstellung der Regler ist experimentell auch ohne genaue Kenntnis der Strecken-
  parameter möglich.

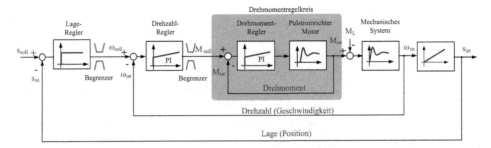

Abb. 9.3 Prinzip der Kaskadenregelung bei elektrischen Antrieben

Aus diesen Gründen wird das Konzept der Kaskadenregelung häufig in der Praxis einge-setzt. Die Drehmomentregelung der Drehfeldmaschinen wurde bereits ausführlich in den Kap. 6 und 7 behandelt. Hier soll der Drehmomentregelkreis für die weitere Optimierung der übergeordneten Regelkreise vereinfachend durch ein Verzögerungsglied 1. Ordnung (PT1) beschrieben werden.

9.2.1 Drehzahlregelkreis

Für den Entwurf des Drehzahlregelkreis soll der innere Drehmomentregekreis durch ein PT1-Glied mit der Ersatzzeitkonstanten T_{ers} beschrieben werden. Bei üblichen Drehmo-ment-Regelkreisen mit Drehfeldmaschinen liegt diese Ersatzzeitkonstante je nach Aus-führung im Bereich von 0,25 ms bis 10 ms. Durch diese Vereinfachung reduziert sich der Drehzahlregelkreis auf das in Abb. 9.4 dargestellte System. Bei diesen Überlegungen soll der Motor und die Arbeitsmaschine starr miteinander gekoppelt sein. Dadurch kann das Massenträgheitsmoment des Antriebes aus der Summe der Trägheitsmomente von Motor und Arbeitsmaschine zusammengefasst werden.

$$J_{ges} = J_M + J_A \qquad (9.7)$$

Die Bewegungsgleichung

$$M_B = M_{ist} - M_L = J_{ges} \cdot 2\pi \cdot \frac{dn}{dt} \qquad (9.8)$$

wird, wie in der Regelungstechnik üblich, auf die Nennwerte normiert. Dadurch kürzen sich die Einheiten aus der Gleichung und man erhält einen begrenzten Zahlenbereich für die Größen im Regelkreis.

$$\frac{M_B}{M_N} = \frac{2\pi \cdot J_{ges}}{M_N} \cdot \frac{n_N \, d\frac{n}{n_N}}{dt} \Rightarrow M_B^* = \frac{1}{T_H} \frac{dn^*}{dt} \quad \text{mit } T_H = \frac{2\pi \cdot n_N \cdot J_{ges}}{M_N} \qquad (9.9)$$

In dieser normierten Darstellung beschreibt die Hochlaufzeit T_H die gesamte Massen-trägheit im Antriebssystem. Anschaulich kann die Hochlaufzeit als die Zeit interpretiert werden, die der Antrieb bei der Beschleunigung im Leerlauf ($M_L = 0$) benötigt, um aus dem Stillstand die Nenndrehzahl n_N zu erreichen.

Mit den eingeführten Vereinfachungen erhält man für die Übertragungsfunktion des offenen Drehzahlregelkreis:

$$G_{O,n} = V_{R,n} \frac{1 + sT_{N,n}}{sT_{N,n}} \cdot \frac{1}{1 + sT_{ers}} \cdot \frac{1}{sT_H} \qquad (9.10)$$

Die Einstellung der Parameter des Drehzahlreglers erfolgt üblicherweise nach den Regeln des Symmetrischen Optimums [18]. Dabei wird die Nachstellzeit $T_{N,n}$ und der Verstär-

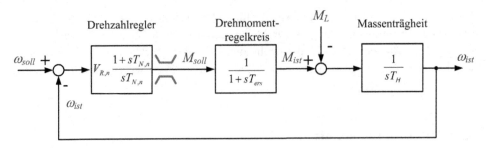

Abb. 9.4 Vereinfachtes Signalflussdiagramm des Drehzahlregelkreises

kungsfaktor $V_{R,n}$ des PI-Reglers zu

$$T_{N,n} = 4 \cdot T_{ers} \quad \text{und} \quad V_{R,n} = \frac{T_H}{2 \cdot T_{ers}} \tag{9.11}$$

gewählt. Diese Einstellungen ergeben für den geschlossenen Drehzahlregelkreis folgende Übertragungsfunktion:

$$G_{G,n} = \frac{1 + s \cdot 4 T_{ers}}{1 + s \cdot 4 \cdot T_{ers} + s^2 \cdot 8 \cdot T_{ers}^2 + s^3 \cdot 8 \cdot T_{ers}^3} \tag{9.12}$$

Da der Zähler der Übertragungsfunktion eine Funktion des Laplaceoperators s ist, reagiert der geschlossene Regelkreis mit einem starken Überschwingen bei schnellen Sollwertänderungen. Die Sprungantwort des Drehzahl-Regelkreises ist in Abb. 9.5 dargestellt. Deutlich ist ein Überschwingen um 43 % zu erkennen. Dieses starke Überschwingen bei Drehzahl-Sollwertänderungen ist in der praktischen Anwendung nicht tollerierbar. Um das Überschwingen zu verhindern, wird der Sollwert über ein PT1-Glied mit der Zeikonstanten $4T_{ers}$ geführt. Damit erhält man folgende Übertragungsfunktion des geschlossenen Regelkreis:

$$G_{G,n} = \frac{1}{1 + s \cdot 4 T_{ers} + s^2 \cdot 8 \cdot T_{ers}^2 + s^3 \cdot 8 \cdot T_{ers}^3} \tag{9.13}$$

Durch diese Sollwertglättung wird das Überschwingen, wie in Abb. 9.5 dargestellt, auf 8 % reduziert. Gleichzeitig verlängert sich aber die Anregelzeit auf $t_{an} = 7,6 \cdot T_{ers}$. Näherungsweise kann der gesamte Drehzahlregelkreis mit einem PT1-Glied beschrieben werden, wobei die Ersatzzeitkonstante $4 \cdot T_{ers}$ ist. Von diesem einfachen Ersatzsystem ist die Sprungantwort ebenfalls in Abb. 9.5 dargestellt.

Die vorherigen Überlegungen sind bei kleinen Sollwertsprüngen gültig, solange keine Größen im Regelkreis begrenzt werden. Bei großen Drehzahlsollwert-Sprüngen ist die Regelabweichung zunächst groß und der Drehzahlregler gibt ein großes Sollmoment M_{soll} vor. Dieses große Sollmoment kann im Antrieb aber nicht realisiert werden und muss deshalb vom nachgeschalteten Begrenzer auf zulässige Werte begrenzt werden. In diesem

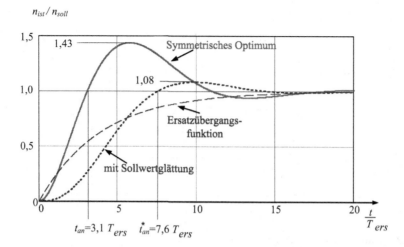

Abb. 9.5 Sprungsantwort und Ersatzfunktion eines geschlossenen Regelkreises mit den charakteristischen Größen

Zeitraum beschleunigt der Antrieb, wie in Abb. 9.6 dargestellt, mit maximalem Moment. Aufgrund der Massenträgheit der beschleunigten Massen dauert dieser Vorgang relativ lang. Dabei integriert der Integrator des PI-Regler die Regelabweichung auf. Der Ausgang des Integrators steigt dabei stetig an und erreicht somit sehr große Werte. Dieser Überlauf des Integrators wird Windup-Effekt genannt.

Erreicht der Antrieb schließlich die geforderte Solldrehzahl ist die Regelabweichung gleich Null. Der Integrator liefert aber noch ein großes Sollmoment. Somit wird der Antrieb noch weiter über die geforderte Solldrehzahl hinaus beschleunigt. Erst jetzt bei negativer

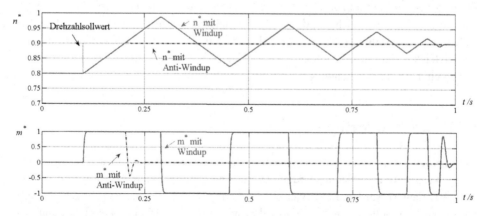

Abb. 9.6 Verlauf des Drehzahl-Istwertes und des Drehmomentes bei einem Sollwertsprung einmal mit Windup-Effekt und einmal mit Anti-Windup-Beschaltung

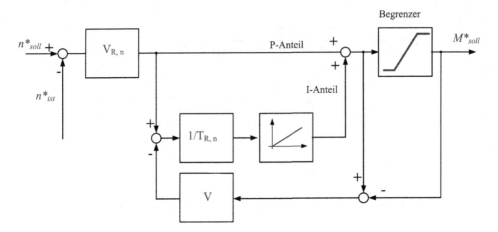

Abb. 9.7 PI-Regler mit Anti-Windup Beschaltung

Regelabweichung kann der Integrator sein Ausgangssignal abbauen. Die resultierende negative Regelabweichung führt zu einem Bremssvorgang mit maximal möglichem Moment. Dabei wird das Ausgangssignal des Integrators in negativer Richtung schnell größer werden. In dem in Abb. 9.6 dargestellten Fall schwingt die Drehzahl zunächst um den Sollwert, bevor ein stabiler Arbeitspunkt erreicht wird.

Dieses Verhalten muss in der praktischen Anwendung unbedingt vermieden werden. Eine einfache Maßnahme, die einen Überlauf des Integrators im Regler verhindert, ist in Abb. 9.7 dargestellt. Dabei wird die Differenz zwischen dem Eingangs- und Ausgangssignal des Begrenzer gebildet. Ist diese Differenz ungleich Null ist der Begrenzer aktiv. Diese Differenz wird mit dem Verstärkungsfaktor V auf den Eingang des Integrators zurückgekoppelt. Dadurch wird ein weiterer Anstieg des Integratorsignals verhindert. Den Einfluss dieser Anti-Windup Maßnahme auf einen Beschleunigungsvorgang ist in Abb. 9.6 dargestellt. Im ersten Zeitbereich, bei dem mit maximalem Moment beschleunigt wird, ändert sich durch diese Maßnahme nichts. Erreicht der Antrieb die geforderte Solldrehzahl, kann der Drehzahlregler schnell das Sollmoment reduzieren. Deshalb läuft nun die Drehzahl mit nur einem leichten Überschwingen auf den Sollwert ein.

9.2.2   Lageregelkreis

Um in einem elektrischen Antriebssystem die Lage zu regeln, wird über den Drehzahlregler noch ein weiterer Regler angeordnet. Diese so genannte Kaskadenregelung ist bereits in Abb. 9.3 erläutert worden. Lageregler werden häufig als P-Regler ausgeführt, d. h. die Differenz zwischen Soll- und Istposition wird proportional verstärkt und liefert den Sollwert für den unterlagerten Drehzahlregler. Dieser Verstärkungsfaktor wird häufig Geschwindigkeitsverstärkungsfaktor K_V genannt. Bei rotierenden Antrieben bei denen der Winkel

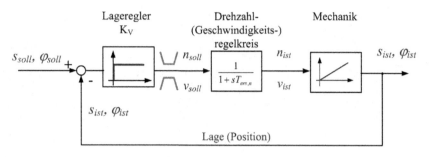

Abb. 9.8 Signalflussbild des vereinfachten Lageregelkreis

geregelt wird, ist der Geschwindigkeitsverstärkungsfaktor über

$$K_V = \frac{n_{soll}}{\Delta\varphi} \tag{9.14}$$

definiert. Bei Linearantrieben, wie in Kap. 10 noch beschrieben wird, ist der Geschwindigkeitsverstärkungsfaktor gleich

$$K_V = \frac{v_{soll}}{\Delta s}. \tag{9.15}$$

Da, wie Abb. 9.8 zeigt, in einem Lageregelkreis immer ein I-Glied enthalten ist, entsteht auch bei Einsatz eines einfachen P-Reglers keine bleibende Regelabweichung. Um den Geschwindigkeitsverstärkungsfaktor quantitativ bestimmen zu können, wird der unterlagerte Drehzahlkreis durch ein PT1-Glied mit der Zeitkonstante $T_{ers,n}$ beschrieben. Diese Zeitkonstante berechnet sich bei Auslegung des Drehzahlregelkreises nach dem Symmetrischen Optimum aus der Zeitkonstante des Drehmomentregelkreises.

$$T_{ers,n} = 4 \cdot T_{ers} \tag{9.16}$$

Damit kann die Übertragungsfunktion des offenen Lageregelkreises berechnet werden.

$$G_{O,L} = \frac{K_V}{s + s^2 \cdot T_{ers,n}} \tag{9.17}$$

Mithilfe der Gl. 9.6 ergibt sich daraus die Übertragungsfunktion des geschlossenen Lageregelkreises.

$$G_{G,L} = \frac{1}{1 + \frac{1}{K_V}s + \frac{T_{ers,n}}{K_V}s^2} \tag{9.18}$$

Vergleicht man diese Übertragungsfunktion mit der standardisierten Übertragungsfunktion

$$G_{PT2} = \frac{1}{1 + \frac{2d}{\omega_0}s + \frac{1}{\omega_0^2}s^2} \tag{9.19}$$

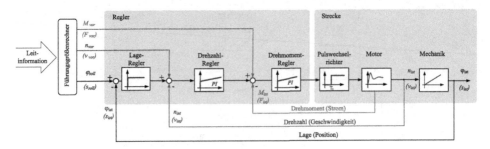

Abb. 9.9 Prinzip einer Antriebsregelung mit Führungsgrößenaufschaltung

eines schwingungsfähigen PT2-Systems. Kann die Dämpfung d_L und die Eigenfrequenz $\omega_{0,L}$ des Lageregelkreises angegeben werden.

$$\omega_{0,L} = \sqrt{\frac{K_V}{T_{ers,n}}} \quad \text{und} \quad d_L = \frac{1}{2}\sqrt{\frac{1}{K_V \cdot T_{ers,n}}} \tag{9.20}$$

Bei einer Lageregelung soll das Überschwingen möglichst gering sein, somit ist eine Dämpfung von $d_L \geq 1/\sqrt{2}$ gefordert. Damit ergibt sich der mögliche Wertebereich für den Geschwindigkeitsverstärkungsfaktor zu

$$K_V \leq \frac{1}{2 \cdot T_{ers,n}} . \tag{9.21}$$

Die mögliche Geschwindigkeitsverstärkung K_V im Lageregelkreis wird somit von der Ersatzzeitkonstante des Drehzahlregelkreises beeinflußt. Ein schnelle Drehzahlregelung besitzt eine kleine Ersatzzeitkonstante $T_{ers,n}$, und ermöglicht eine große Reglerverstärkung K_V. Je größer dieser Verstärkungsfaktor K_V ist, desto dynamischer werden Sollwertänderungen und Störgrößen im Lageregelkreis ausgeregelt.

9.2.3 Führungsgrößenaufschaltung

Bei einer Sollwertänderung der Lage wird die Regeldifferenz zunächst über den Lageregler, dann über den Drehzahlregler und zum Schluss vom Drehmomentregler verstärkt bevor die Steuergröße für den Pulsstromrichter generiert wird. Dadurch erreicht die Kaskadenregelung nicht die maximal mögliche Dynamik, die physikalisch mit dem Antriebssystem möglich wäre. Eine Möglichkeit die dynamischen Eigenschaften der Kaskadenregelung zu verbessern ist die Aufschaltung von Führungsgrößen, wie in Abb. 9.9 dargestellt. Ein Führungsgrößenrechner berechnet aus der geforderten Bahnkurve die Vorsteuerwerte für das Drehmmoment M_{vor} oder die Kraft F_{vor} sowie die Drehzahl n_{vor} oder die Geschwindigkeit v_{vor}. Diese Werte werden als Sollwerte direkt auf die zugehörigen Regler geschaltet.

Bei genauer Vorgabe dieser Größen müssen Lage- und Drehzahlregler nur die Störgrößen im Regelkreis ausregeln. Durch diese Maßnahme gelingt es, die Abweichung zwischen der gewünschten und der realisierten Bahnkurve $\varphi(t)$ bzw. $(s(t))$ auch dynamisch sehr gering zu halten.

Zusammenfassung

Ausgehend von einem einfachen Regelkreis wurde die in der Antriebstechnik übliche Kaskadenregelung erläutert. Dabei wurden die Einstellvorschriften für den Drehzahlregler nach dem Symmetrischen Optimum angegeben. Die Auswirkungen von Stellbegrenzungen auf die Regelung wurde am Beispiel einer Drehzahlregelung erläutert. Dabei wurde der Windup-Effekt dargestellt. Als Lageregler wird gewöhnlich ein P-Regler eingesetzt. Um bei einer Lageregelung das Überschwingen zu vermeiden, ist die Einstellvorschrift für den Lageregeler abgeleitet worden. Mit einer Führungsgrößenaufschaltung kann das dynamische Verhalten der Kaskadenregelung verbessert werden.

9.3 Übungsaufgaben

Übung 9.1

Die Übertragungsfunktion eines offenen Regelkreises ist mit $G_O(s) = \frac{k_O}{s}$ angegeben. Dabei beträgt $k_O = 2000 \, 1/s$.

a) Skizzieren Sie das Bode-Diagramm zum offenen Regelkreises. Berechnen Sie die Durchtrittsfrequenz ω_d.

b) Berechnen und Skizzieren Sie die Sprungantwort des geschlossenen Regelkreises.

Übung 9.2

Das untere Bild stellt den Lageregelkreis eines Linearantriebes dar. Der unterlagerte Geschwindigkeitsregelkreis soll durch ein PT1-Glied mit $T_{ers,n} = 20 \, ms$ beschrieben werden. Es müssen hierbei keine Begrenzungen beachtet werden.

a) Wählen Sie die Geschwingikeitsverstärkung K_V, damit der Regelkreis mit einer Dämpfung $d = 1/\sqrt{2}$ arbeitet. Geben Sie den Verstärkungsfaktor in $\frac{m/min}{mm}$ an.

b) Skizzieren Sie das Bodediagramm des offenen Regelkreis. Geben Sie die Durchtrittsfrequenz ω_d und die Phasenreserve φ_R an.

c) Skizzieren Sie die Sprungantwort bei einer Positionsänderung von 10 mm.

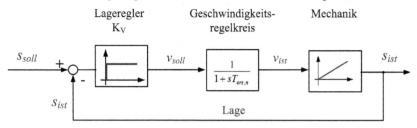

Direktantriebe

Antriebe, die ohne mechanische Übertragungselemente eine Arbeitsmaschine antreiben, werden als Direktantriebe bezeichnet. Da keine verschleißbehafteten Übertragungselemente vorhanden sind, ist ein Direktantrieb weitgehend wartungsfrei und die Betriebsgeräusche sind geringer als bei konventionellen Antrieben. Bei der direkten Antriebstechnik muss der Antriebsmotor in die Arbeitsmaschine mechanisch integriert werden, dadurch gelingt es in vielen Fällen die Baugröße und die Gesamtverluste sowie die Gesamtkosten zu reduzieren. Die Bewegungsvorgänge können bei Direktantrieben spielfrei mit hoher Geschwindigkeit erfolgen. Damit diese Vorteile der Direktantriebe genutzt werden können, muss der Motor und das Regelverfahren sowie das Messsystem zur Lagemessung optimal auf die Anwendung angepasst werden. Dadurch ist es schwierig für die Hersteller der Motoren Standardbaureihen zu definieren, die sich für viele Anwendungen eignen.

Moderne Konzepte für Direktantriebe mit hoher Leistung basieren auf permanenterregten Synchronmotoren, bei denen der magnetische Fluss durch ferromagnetische Materialien geführt wird. Der grundsätzliche Aufbau von Motoren für Direktantriebe geht aus Abb. 10.1 hervor. Die rotierende PSM wird entlang ihrer Achse aufgeschnitten und anschließend in der Ebene ausgerollt. Aus dem Drehfeld einer rotierenden Maschine wird ein sogenanntes Wanderfeld. Die Kraftwirkung zwischen Rotor und Stator bleibt die Gleiche wie beim rotierenden Motor, nur die Bewegungsart ändert sich. Ausgehend von dieser Darstellung spricht man nun anstelle vom Stator vom Primärteil und anstelle vom Rotor vom Sekundärteil. Es ist nicht zwingend nötig, dass das Primärteil feststeht und das Sekundärteil sich bewegt. Vor allem bei flachen Linearmotoren ist es üblich, das Sekundärteil fest mit der Arbeitsmaschine zu verbinden und das Primärteil beweglich zu lagern.

Rollt man den flachen Linearmotor nochmals um seine Längsachse auf, erhält man den Polysolenoid- oder Röhrenmotor. Dieser ähnelt in seinem Aussehen stark einem herkömmlichen Zylinder und ersetzt immer häufiger die Hydraulik oder Pneumatik in einer Maschine. Aufgrund des rotationssymmetrischen Aufbaus weist der Polysolenoidmotor theoretisch keine Querkräfte auf. Vor allem bei kurzhubigen Anwendungen bis ca. 250 mm

J. Teigelkötter, *Energieeffiziente elektrische Antriebe*, DOI 10.1007/978-3-8348-2330-4_10,
© Vieweg+Teubner Verlag | Springer Fachmedien Wiesbaden 2013

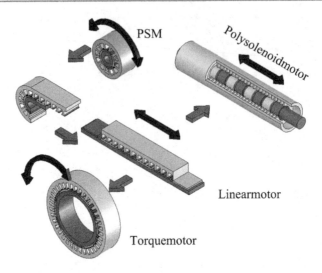

Abb. 10.1 Von der rotierende PMS zum Direktantrieb

mit hohen Dynamikanforderungen ist der Einsatz des Polysolenoidmotors technisch und wirtschaftlich sinnvoll.

Werden von der Anwendung hohe Drehmomente bei relativ geringen Drehzahlen verlangt, so kann der sogenannte Torquemotor eingesetzt werden. Das Funktionsprinzip eines Torquemotor lässt sich aus einem flachen Linearmotor ableiten, wenn Anfang und Ende kreisförmig zusammengeführt werden. Anwendungen findet der Torquemotor, z. B. in Werkzeugmaschinen oder Kunststoffspritzgussmaschinen.

10.1   Linearmotoren

Viele Prozesse in der industriellen Produktionstechnik erfordern lineare Bewegungen mit hoher Verfahrgeschwindigkeit und hoher Positioniergenauigkeit. Linearmotoren ermöglichen eine direkte Wandlung der elektrischen Energie in lineare Bewegungen ohne aufwendige Hilfskonstruktionen, wie z. B. Spindel-Mutter-Systeme.

In Abb. 10.2 ist der Aufbau eines Linearmotors zu erkennen. Das Primärteil besteht aus einem Blechpaket mit darin eingelegten Wicklungen, die zu Spulen verschaltet sind. Der ganze Aufbau des Primärteils wird meistens noch mit Tauchlack imprägniert. Gelegentlich wird das bewickelte, imprägnierte Paket zuvor noch in ein Aluminiumgehäuse eingebaut und danach mit Kunstharz vergossen. Die Primärteile werden mit Luft- oder Flüssigkeit gekühlt. Aufgrund der Folge von Zähnen und Nuten ähnelt die Form eines Bleches einem Kamm. Deshalb hat sich die Bezeichnung Einzelkammlinearmotor bei Antrieben mit einem Primärteil, bzw. Doppelkammlinearmotor bei Antrieben mit gegenüberliegend angeordneten Primärteilen ergeben.

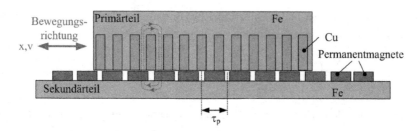

Abb. 10.2 Prinzip eines Einzelkamm-Linearmotors

Das Sekundärteil besteht aus einem massiven Eisenblech auf dem Permanentmagnete aufgeklebt werden. Das Eisenblech im Sekundärteil dient als Rückschlussjoch um den magnetischen Fluss zu führen. Zum Schutz der Magnete wird eine dünne Edelstahlabdeckung aufgeklebt. Sekundärteile werden in kurzen Modulen gefertigt, die in der Anwendung entsprechend des gewünschten Verfahrweges hintereinander auf einem Maschinentisch montiert werden. An den Sekundärteilen sind Führungsschienen angebracht, auf denen das Primärteil beweglich gelagert ist. Linearmotoren können Geschwindigkeiten von $v = 20 \frac{m}{s}$ erreichen. Die maximal realisierbaren Beschleunigungswerte liegen bei $20g$.

Wie in [25] gezeigt, kann ein permanenterregter Linearmotor in gleicher Weise geregelt werden wie eine rotierende Maschine. Dazu wird der Linearmotor durch eine gleichwertige rotierende permanenterregte Synchronmaschine dargestellt. Der Verfahrweg x kann in einen äquivalenten elektrischen Winkel γ umgerechnet werden. Dazu wird die Abb. 10.2 mit dem prinzipiellen Aufbau eines Linearmotors betrachtet. Ein magnetischer Pol der Permanentmagnete überdeckt dabei die Strecke τ_P entlang des Verfahrweges. Diese Strecke τ_P, die Polteilung genannt wird, entspricht einem elektrischen Winkel von 180° oder π. Somit gilt:

$$\frac{x}{\tau_P} = \frac{\gamma}{\pi} \quad \Rightarrow \quad x = \frac{\tau_P}{\pi} \cdot \gamma \tag{10.1}$$

Wird diese Gleichung differenziert, erhält man den Zusammenhang zwischen der Geschwindigkeit v und der Kreisfrequenz ω.

$$v = \frac{\tau_P}{\pi} \cdot \omega \tag{10.2}$$

Die Gesamtlänge des Primärteils $2 \cdot p \cdot \tau_P$ entspricht dem Umfang $2 \cdot \pi \cdot r$ des Rotors der rotierenden Maschine. Mithilfe des Hebelgesetzes $F \cdot r = M$ kann der Proportionalitätsfaktor zwischen der Kraft F des Linearmotors und dem Drehmoment der gleichwertigen rotierenden Maschine angegeben werden.

$$\begin{aligned} 2\pi \cdot r = 2 \cdot p \cdot \tau_P \\ M = r \cdot F \end{aligned} \quad \Rightarrow \quad F = \frac{\pi}{p \cdot \tau_P} \cdot M \tag{10.3}$$

Die beschleunigten Massen m des Linearantriebs können über den Energieerhaltungssatz in ein äquivalentes Massenträgheitsmoment J umgerechnet werden.

$$\frac{1}{2} \cdot m \cdot v^2 = \frac{1}{2} \cdot J \cdot \omega^2 \quad \Rightarrow \quad J = \left(\frac{\tau_P}{\pi}\right)^2 \cdot m \tag{10.4}$$

Damit stehen nun alle Beziehungen zur Verfügung, die notwendig sind, um die für rotierende Maschinen vorgestellten Regelverfahren auf Linearmotoren anzuwenden.

10.2   Torquemotoren

Um zu zeigen, welche konstruktiven Maßnahmen bei Torquemotoren zur direkten Erzeugung der großen Drehmomente notwendig sind, soll das Wachstumsgesetz für rotierende Maschinen entsprechend Gl. 3.34 betrachtet werden:

$$M_i \sim A \cdot B_L \cdot l_a \cdot D^2 \tag{10.5}$$

Dieses Wachstumsgesetz zeigt die Abhängigkeit des Drehmomentes von den technologischen Parametern und den geometrischen Abmessungen einer Maschine. Dabei ist A der Strombelag in der Ständerwicklung. Der zulässige Strombelag ist abhängig von der verwendeten Kühltechnik. Bei einer intensiven Kühlung, z. B. Wasserkühlung, kann die Maschine mit einem hohen Strombelag im Bereich von 1000 A/cm betrieben werden. Die Flussdichte B_L im Luftspalt ist auf ca. 1 T durch die Sättigung der Elektrobleche begrenzt (siehe dazu die Magnetisierungskennline in Abb. 2.13). Das Drehmoment wird auf der aktiven Länge l_a der Maschine gebildet, wobei diese stets kleiner als die Gesamtlänge der Maschine ist. Wesentlich für die Drehmomentbildung ist der Durchmesser des Rotors, dieser geht quadratisch in die Berechnung ein. Damit wird deutlich, dass die Baugröße einer Maschine proportional zum geforderten Drehmoment zunimmt.

Die Vorteile eines Direktantriebs mit einem Torquemotor im Vergleich zu einem konventionellen Antrieb mit einem Getriebe sollen an einem Beispiel verdeutlicht werden. In diesem Beispiel soll möglichst schnell eine Positionsänderung erfolgen, d. h. der Antrieb muss mit maximal möglicher Beschleunigung antreiben. Der prinzipielle Aufbau und die technischen Daten des konventionellen Antriebs sind in Abb. 10.3a dargestellt. Um die maximal mögliche Beschleunigung bei einem gegebenen Motormoment zu reichen, ist entsprechend Abschnitt 2.1.2 die optimale Getriebeübersetzung

$$\ddot{u}_{opt} = \sqrt{\frac{J_A}{J_M}}$$

zu wählen. Mit diesem Übersetzungsverhältnis und den in Abb. 10.3 angegebenen Motordaten können das Gesamtträgheitsmoment, die max. Winkelbeschleunigung und auch der

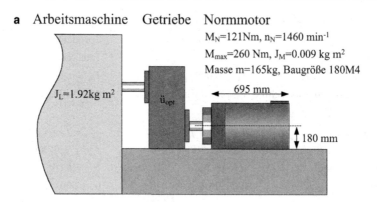

a Arbeitsmaschine   Getriebe   Normmotor

M_N=121Nm, n_N=1460 min^{-1}

M_{max}=260 Nm, J_M=0.009 kg m^2

Masse m=165kg, Baugröße 180M4

J_L=1.92kg m^2

$\ddot{u}_{opt}$

695 mm

180 mm

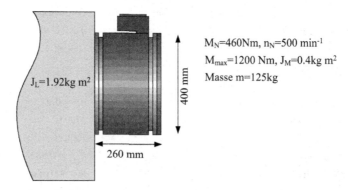

b Arbeitsmaschine   Torquemotor

M_N=460Nm, n_N=500 min^{-1}

M_{max}=1200 Nm, J_M=0.4kg m^2

Masse m=125kg

J_L=1.92kg m^2

400 mm

260 mm

Abb. 10.3 Vergleich eines konventionellen Antriebs (**a**) mit einem Direktantrieb (**b**)

Drehzahlstellbereich berechnet werden. Diese Berechnungen sind in der Tab. 10.1 zusammengestellt.

Wird alternativ zu diesem konventionellen Antrieb ein Torquemotor eingesetzt, der an der Arbeitsmaschine das gleiche maximale Moment aufbringt, erhält man mithilfe der Daten in Abb. 10.3 die Eigenschaften des Antriebes, die in der Tab. 10.1 aufgelistet sind.

Obwohl der Torquemotor ein größeres Trägheitsmoment als die ASM besitzt, ist das wirksame Gesamtträgheitsmoment beim Direktantrieb geringer als im Antriebsstrang des konventionellen Antriebs. Daher resultieren die hohen Beschleunigungswerte beim Direktantrieb.

Für eine Entscheidungsfindung zwischen verschiedenen Antriebsvarianten müssen neben den technischen Eigenschaften auch wirtschaftliche Aspekte berücksichtigt werden. Für eine optimale Auswahl der Antriebskomponenten ist die Berücksichtigung der Anschaffungskosten alleine nicht ausreichend. Um die Wirtschaftlichkeit einer Anlage zu prüfen, müssen die Kosten in allen Lebensphasen eines Produktes oder einer Anlage berücksichtigt werden. Diese Gesamtkosten werden als Lebenszykluskosten oder auch als Life

Tab. 10.1 Vergleich konventioneller Antrieb mit einem Direktantrieb

	ASM mit Getriebe	Torquemotor
Maximalmoment	260 N m	1200 N m
Motor-Trägheitsmoment	$J_M = 0,009 \, \text{kg m}^2$	$J_M = 0,4 \, \text{kg m}^2$
Trägheitsmoment Arbeitsmaschine	$J_A = 1,92 \, \text{kg m}^2$	$J_A = 1,92 \, \text{kg m}^2$
optimale Getriebeübersetzung	$\ddot{u}_{opt} = \sqrt{\frac{J_A}{J_M}} = 4,615$	
Gesamtträgheitsmoment	$J_{ges} = J_L + J_M \cdot \ddot{u}_{opt}^2$	$J_{ges} = J_A + J_M$
bezogen auf die Arbeitsmaschine	$J_{ges} = 3,84 \, \text{kg m}^2$	$J_{ges} = 2,317 \, \text{kg m}^2$
max. Beschleunigung	$\alpha = 313 \, 1/\text{s}^2$	$\alpha = 518 \, 1/\text{s}^2$
Drehzahlbereich	$0 \leftrightarrow 316 \, \text{min}^{-1}$	$0 \leftrightarrow 500 \, \text{min}^{-1}$

Tab. 10.2 Vergleich der Anschaffungs- und Energiekosten

	ASM mit Getriebe	Torquemotor
Motor Wirkungsgrad	$\eta_M = 0,93$	$\eta_M = 0,91$
Kosten	2500 €	5000 €
Getriebe Wirkungsgrad	$\eta_M = 0,95$	–
Kosten	1500 €	–
Umrichter Wirkungsgrad	$\eta_U = 0,97$	$\eta_U = 0,97$
Kosten	2000 €	2000 €
Anschaffungskosten	6000 €	7000 €
Gesamtwirkungsgrad	$\eta_{ges} = 0,86$	$\eta_{ges} = 0,8827$
Betriebspunkt Drehzahl	$n = 1384 \, \text{min}^{-1}$	$n = 300 \, \text{min}^{-1}$
Moment	$M = 121 \, \text{N m}$	$M = 560 \, \text{N m}$
mech. Leistung	$P = 17,6 \, \text{kW}$	$P = 17,6 \, \text{kW}$
relative Einschaltzeit	$a = 0,75$	$a = 0,75$
Betriebsstunden/a	5000	5000
Energie/a	76.982 kWh	74.740 kWh
Kosten	0,14 €/kWh	0,14 €/kWh
Energiekosten/a	10.778 €	10.464 €

Cycle Costing mit der Abkürzung LCC bezeichnet. Diese Kosten umfassen die Entstehung-, Betriebs- sowie die Verwertungskosten eines Produktes [11]. Diese Lebenszykluskosten dienen zunehmend als Entscheidungsgrundlage für Betreiber, Planer und Generalunternehmer von technischen Anlagen. Aber auch für die Lieferanten von Antriebskomponenten ist diese ganzheitliche Betrachtung der Kosten wichtig, um die Marktpreise für Ihre Produkte abschätzen sowie die Entwicklungsziele für neue Produkte definieren zu können. Da diese Zusammenstellung der Lebenszykluskosten aufwendig ist, werden in verschiedenen Normen dazu Hilfestellungen gegeben, siehe Beispielsweise [34] und [33]. Für die Betreiber der Anlagen sind insbesondere die Betriebs- und Verwertungskosten von

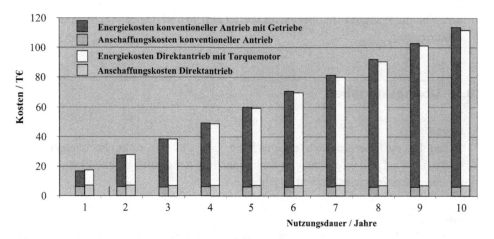

Abb. 10.4 Kumulierte Anschaffungs- und Energiekostem

Bedeutung. Diese Kosten werden mit dem Begriff „Total Cost of Ownership (TCO)" zu-sammengefasst und bilden eine Teilmenge der Lebenszykluskosten.

Hier soll der Vergleich zwischen dem beschriebenen konventionellen Antrieb und ei-nem Direktantrieb auf Basis der Anschaffungs- und Energiekosten erfolgen. Die wesentli-chen Daten sind in der Tab. 10.2 zusammengestellt. Ausgehend von den Leistungsanforde-rungen in den gewünschten Betriebspunkten kann mit Hilfe der Wirkungsgrade in den ver-schiedenen Umwandlungsstufen und den Betriebsstunden die aus dem Netz aufgenomme-ne Energie abgeschätzt werden. Mit den angenommenen Energiekosten von 0,14 €/kWh können die jährlichen Energiekosten berechnet werden. Die Anschaffungskosten und die kumulierten Energiekosten sind in Abb. 10.4 als Balkendiagramm dargestellt. Dabei domi-nieren die Energiekosten gegenüber den Anschaffungskosten. Schon nach einer Nutzungs-dauer von drei Jahren hat sich bei diesem Beispiel der teurere Direktantrieb gegenüber dem konventionellen Antrieb amortisiert.

Durch den Einsatz von Direktantrieben kann aufgrund der hohen Beschleunigungs-werte und der guten Regelbarkeit eine Produktivitäts- und Qualitätssteigerung gegenüber konventionellen Antrieben erreicht werden. Wenn diese beiden Faktoren beim Vergleich der Lebenzykluskosten zusätzlich berücksichtigt werden, so werden die wirtschaftlichen Vorteile von Direktantrieben noch deutlicher.

Zusammenfassung

Ausgehend von der rotierenden PSM wurden die Konstruktionsprinzipien von Direkt-antrieben abgeleitet. Mit Direktantrieben können Arbeitsmaschinen mit deutlich grö-ßeren Beschleunigungen im Vergleich zu konventionellen Antrieben betrieben werden. Dabei kann häufig ein geringeres Bauvolumen bei Direktantieben erreicht werden. Bei der Entscheidung zwischen zwei unterschiedlichen Antriebsvarianten müssen neben den technischen Daten auch die Lebenszykluskosten berücksichtigt werden. Insbesondere sind die Energiekosten bei einem wirtschaftlichen Vergleich von besonderer Bedeutung.

10.3   Übungsaufgaben

Übung 10.1

Stellen Sie die Energiekosten entsprechend Tab. 10.2 für einen Energiepreis von 0,18 €/kWh auf und vergleichen Sie die kumulierten Anschaffungs- und Energiekosten für einen Nutzungszeitraum von 10 Jahren.

Übung 10.2

In einer Werkzeugmaschine soll ein Linearmotor eingesetzt werden. Das periodische Fahrspiel ist im folgenden Diagramm dargestellt. Im ersten Zeitabschnitt T_1 erfolgt eine Positionierung, dabei wird eine maximale Geschwindigkeit von 1 m/s erreicht. In der Bearbeitungszeit T_2 wirkt eine Prozesskraft von 2500 N. Im Zeitraum T_3 erfolgt die Rückfahrt zur Ausgangsposition. Innerhalb der Pause T_4 wird das Werkstück gewechselt und der Linearmotor kann dabei abkühlen. Bei dieser Linearbewegung wird der Motorschlitten mit m_S = 25 kg und das Werkstück mit m_W = 50 kg beschleunigt und abgebremst.

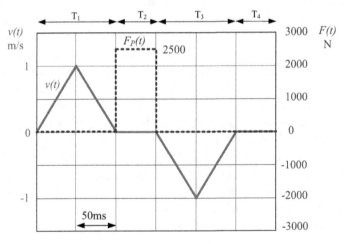

Der vorhergesehene Motor besitzt folgendes Kraft/Geschwindigkeits-Diagramm:

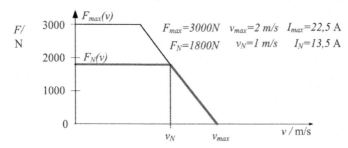

$F_{max}=3000N$ $v_{max}=2\ m/s$ $I_{max}=22{,}5$ A
$F_N=1800N$ $v_N=1\ m/s$ $I_N=13{,}5$ A

a) Skizzieren Sie in das Diagramm den Verfahrweg $s(t)$.
b) Skizzieren Sie in das Diagramm die erforderliche Beschleunigung $a(t)$.
c) Berechnen und skizzieren Sie die Kraft $F(t)$, die der Linearmotor aufbringen muss.
d) Berechnen Sie den Effektivwert der erforderlichen Kraft F_{eff} und vergleichen Sie diese mit der Nennkraft des Motors F_N.

Anhang: Lösungshinweise zu den Übungsaufgaben

11

11.1 Mechanische Grundlagen

Übungsaufgabe 2.1

$$a(t) = \frac{3}{2}a_0 - \frac{3 \cdot a_0}{T_S}t$$

$$v(t) = \int_0^t a(t)dt = \frac{3}{2}a_0 \cdot t - \frac{3}{2}\frac{a_0}{T_S} \cdot t^2$$

$$s(t) = \int_0^t v(t)dt = \frac{3}{4}a_0 \cdot t^2 - \frac{1}{2}\frac{a_0}{T_S} \cdot t^3$$

$$s(T_S) = \frac{1}{4}a_0 \cdot T_S^2$$

Übungsaufgabe 2.2

$$M_B = \left(J_M + \frac{1}{\ddot{u}^2}J_A\right) \cdot \frac{d\omega_M}{dt} = \left(J_M + \frac{1}{\ddot{u}^2}J_A\right) \cdot \ddot{u} \cdot \frac{d\omega_A}{dt} = \left(\ddot{u} \cdot J_M + \frac{1}{\ddot{u}}J_A\right) \cdot \frac{d\omega_A}{dt}$$

$$\frac{dM_B}{d\ddot{u}} = 0 \quad \Rightarrow J_M - \frac{1}{\ddot{u}} \cdot J_A = 0 \quad \Rightarrow \ddot{u}_{opt} = \sqrt{\frac{J_A}{J_M}}$$

J. Teigelkötter, *Energieeffiziente elektrische Antriebe*, DOI 10.1007/978-3-8348-2330-4_11,
© Vieweg+Teubner Verlag | Springer Fachmedien Wiesbaden 2013

Übungsaufgabe 2.3 Maximale Geschwindigkeit: $v_{max} = n_{max} * h = 1500 \, \text{min}^{-1} \cdot 5 \, \text{mm} =$ $0{,}125 \, \frac{\text{m}}{\text{s}}$

Mithilfe des Energieerhaltungssatzes $\frac{1}{2} J_L \cdot \omega^2 = \frac{1}{2} m_L \cdot v^2$ kann die linear bewegte Masse m_L in ein äquivalentes Massenträgheitsmoment umgerechnet werden.

$$J_L = m_L \left(\frac{h}{2\pi}\right)^2 = 0{,}95 \, \text{kg} \, \text{cm}^2$$

Das gesamte Trägheitsmoment des Antriebes bezogen auf die Motorwelle ergibt sich aus der Summe der einzelnen Trägheitsmomente.

$$J_{ges} = J_M + J_{Sp} + J_L = 91{,}95 \, \text{kg} \, \text{cm}^2$$

Aus der Bewegungsgleichung $M_B = 2\pi J_{ges} \frac{dn}{dt}$ kann die Beschleunigungszeit berechnet werden. Dabei soll das Beschleunigungsmoment gleich $M_B = M_{max}$ sein.

$$t_B = \frac{2\pi n_{max} \cdot J_{ges}}{M_{max}} = 60{,}18 \, \text{ms}$$

11.2   Drehstromtechnik

Übungsaufgabe 2.4
a) Periodendauer: $T = 60 \, \text{ms} \Rightarrow f = 16{,}7 \, \text{Hz}$;
   $\hat{i} = 14{,}14 \, \text{A}, \, I = 10 \, \text{A}, \, \hat{u} = 325 \, \text{V}, \, U = 230 \, \text{V}$
   Phasenverschiebung: $\varphi = 60°$ (nacheilender Strom)
b) $\underline{I} = 10 \, \text{A} e^{-j60°}, \, \underline{U} = 230 \, \text{V}$
   $\underline{Z} = \frac{U}{I} = 11{,}5 \, \Omega + j19{,}92 \, \Omega$
   $R = 11{,}5 \, \Omega, \, L = \frac{19{,}92 \, \Omega}{2\pi 16{,}7 \, \text{Hz}} = 0{,}19 \, \text{H}$

Übungsaufgabe 2.5
a) $S = \frac{P}{\cos\varphi} = 10{,}71 \, \text{kVA}, \, I = \frac{S}{\sqrt{3}U} = \frac{10{,}71 \, \text{kVA}}{\sqrt{3}400 \, \text{V}} = 15{,}47 \, \text{A}$
   $Q = \sqrt{S^2 - P^2} = 7{,}65 \, \text{kVAr}$
b) $\varphi^* = \arccos 0{,}95 \Rightarrow \varphi_{neu} = 18{,}2°$
   $Q_C = Q - P \cdot \tan(\varphi^*) = 5{,}19 \, \text{kVAr}$
   $Q_C = 3 \left(\frac{U}{\sqrt{3}}\right)^2 2\pi f \cdot C \Rightarrow C = 103{,}2 \, \mu\text{F}$

11.3 Elektromagnetische Grundlagen

Übungsaufgabe 2.6 Aus der Kennlinie ensprechend Abb. 2.13 liest man mit $B = 1{,}5$ T die magnetische Feldstärke im Eisen $H_{Fe} = 990$ A/m ab.

Die magnetische Feldstärke im Luftspalt berechnet sich aus der Materialgleichung $B = \mu H$ mit $\mu_0 = 4\pi \cdot 10^{-7} \frac{V\,s}{A\,m}$ zu $H_L = 1{,}194 \cdot 10^6 \frac{A}{m}$.

Über den Durchflutungssatz $\theta = I \cdot w = H_{Fe} \cdot l_{Fe} + H_L \cdot \delta$ kann der erforderliche Strom berechnet werden.

a) $I_a = 3{,}5$ A
b) $I_b = 13{,}0$ A

Übungsaufgabe 2.7 Der Durchflutungssatz $\theta = I \cdot w = H_{Fe} l_{Fe} + H_m l_m + H_L \delta$ vereinfacht sich für $\mu_{Fe} \to \infty$ zu $\theta = I \cdot w = H_m l_m + H_L \delta$.

Mithilfe der Materialgleichung $B = \mu_0 \cdot H_L$ kann die Feldstärke in der Luft durch die Flussdichte B beschrieben werden.

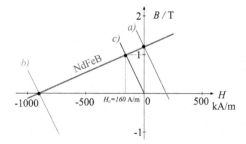

Somit kann die Arbeitsgerade berechnet werden:

$$B = \frac{\mu_0}{\delta}(I \cdot w - H_m \cdot l_m).$$

Für den Arbeitspunkt nach a) mit $H_m = 0$ berechnet sich der Strom zu:

$$I_a = \frac{B_r \cdot \delta}{\mu_0 \cdot w} = 9{,}55\,\text{A}.$$

Die zugehörige Arbeitsgerade ist in der Zeichnung eingezeichnet.

Für den Arbeitspunkt b) mit $H = H_C = -900$ A/m und $B = 0$ berechnet sich der Strom zu:

$$I_b = \frac{H_m \cdot l_m}{w} = -45\,\text{A}.$$

Die zugehörige Arbeitsgerade ist in der Zeichnung eingezeichnet.

Der Arbeitspunkt c) mit $I = 0$ liegt auf der Arbeitsgeraden

$$B = -H_m \cdot \mu_0 \cdot \frac{l_m}{\delta}$$

Aus dem Schnittpunkt mit der Magnetisierungskennlinie ergibt sich der Arbeitspunkt mit $B = 1\,\mathrm{T}$ und $H = -160\,\mathrm{A/m}$.

Übungsaufgabe 2.8

a) $R_m = \frac{l_{Fe=}}{\mu_{Fe}\,\mu_r\,A_{Fe}} = 7{,}96 \cdot 10^5\,\frac{A}{V\,s}$

b) $L_1 = \frac{w_1^2}{R_m} = 0{,}201\,\mathrm{H}$

c) $\Phi(t) = \frac{w_1 \cdot i_1(t)}{R_m}$ (Zeitverlauf siehe untere Kurve)

d) $u_1(t) = w_1 \cdot \frac{d\Phi(t)}{dt}$ (Zeitverlauf siehe untere Kurve)

e) $u_2(t) = w_2 \cdot \frac{d\Phi(t)}{dt}$ (Zeitverlauf siehe untere Kurve)

f) $\frac{u_1(t)}{u_2(t)} = \frac{w_1}{w_2} := 2$ (Übersetzungsverhältnis)

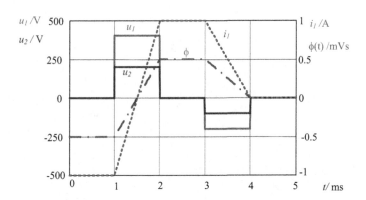

11.4 Drehfeldmaschinen

Übungsaufgabe 3.1

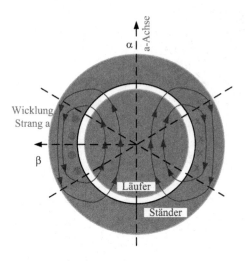

Übungsaufgabe 3.2

$$n = \frac{f}{p} \quad \text{mit} \quad f = 50\,\text{Hz}$$

p	1	2	3	4
$n_S/1/\text{min}$	3000	1500	1000	750

Übungsaufgabe 3.3 Durch Anwendung des Durchflutungssatz $\oint \vec{H} d\vec{s} = i_a$ über den im nachfolgenden Bild eingezeichneten Integrationsweg und der Vereinfachung $\mu_{Fe} \to \infty$ ergibt sich die magnetische Feldstärke im Luftspalt.

$$H(\gamma) = \begin{cases} \dfrac{i_a}{2\delta} & 0 < \gamma < \pi \\[2mm] -\dfrac{i_a}{2\delta} & \pi < \gamma < 2\pi \end{cases}$$

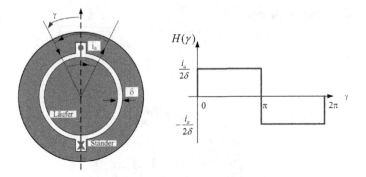

11.5　Raumzeiger

Übungsaufgabe 4.1

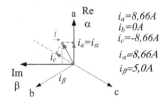

$i_a=8{,}66A$
$i_b=0A$
$i_c=-8{,}66A$

$i_\alpha=8{,}66A$
$i_\beta=5{,}0A$

Übungsaufgabe 4.2

$$i_a = \hat{i}\cos(\omega t - \varphi)$$
$$i_b = \hat{i}\cos(\omega t - 120° - \varphi)$$
$$i_c = \hat{i}\cos(\omega t - 240° - \varphi)$$

Die cos-Funktionen können mit

$$\cos\chi = \frac{1}{2}\cdot\left(e^{j\chi} + e^{-j\chi}\right)$$

als e-Funktionen beschrieben und in die Definitionsgleichung für Raumzeiger

$$\underrightarrow{i} = i_\alpha + ji_\beta = \frac{2}{3}\left(i_a + ai_b + a^2 i_c\right)\quad\text{mit}\quad a = e^{j120°}$$

eingesetzt werden. Wird weiterhin die Gleichung

$$e^{-j(\omega t-\varphi)} + e^{-j(\omega t-120°-\varphi)} + e^{-j(\omega t-240°-\varphi)} = 0$$

berücksichtigt, so erhält man

$$\underrightarrow{i} = \hat{i}\cdot e^{j(\omega t-\varphi)}\ .$$

Übungsaufgabe 4.3

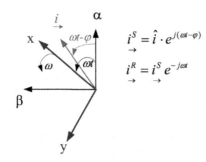

$$\underset{\rightarrow}{i}{}^{S} = \hat{i} \cdot e^{j(\omega t - \varphi)}$$

$$\underset{\rightarrow}{i}{}^{R} = \underset{\rightarrow}{i}{}^{S} e^{-j\omega t}$$

Übungsaufgabe 4.4

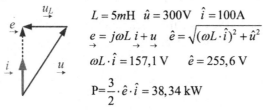

$$L = 5m\mathrm{H} \quad \hat{u} = 300\mathrm{V} \quad \hat{i} = 100\mathrm{A}$$

$$\underset{\rightarrow}{e} = j\omega L \underset{\rightarrow}{i} + \underset{\rightarrow}{u} \quad \hat{e} = \sqrt{(\omega L \cdot \hat{i})^2 + \hat{u}^2}$$

$$\omega L \cdot \hat{i} = 157{,}1\,\mathrm{V} \quad \hat{e} = 255{,}6\,\mathrm{V}$$

$$\mathrm{P} = \frac{3}{2} \cdot \hat{e} \cdot \hat{i} = 38{,}34\,\mathrm{kW}$$

Übungsaufgabe 4.5 Die Differentialgleichung lautet:

$$\frac{d\underset{\rightarrow}{i}}{dt} + \frac{R}{L} \underset{\rightarrow}{i} = \frac{\underset{\rightarrow}{u}}{L}$$

Die homogene Lösung ist $\underset{\rightarrow}{i}_h = K \cdot e^{-\frac{t}{\tau}}$ mit $\tau = \frac{L}{R}$ Die partikuläre Lösung kann über den Ansatz der „rechten Seite" bestimmt werden.

$$\underset{\rightarrow}{i}_P = \frac{\hat{u}}{R + j\omega L} \cdot e^{j(\omega t + \gamma_0)}$$

Aus der Addition der homogenen und der partikulären Lösung unter Beachtung der Anfangsbedingung $\underset{\rightarrow}{i}(0) = 0$ ergibt sich die Lösung der Dgl:

$$\underset{\rightarrow}{i} = \frac{\hat{u}}{\sqrt{R^2 + (\omega L)^2}} \cdot e^{j(\gamma_0 - \arctan(\frac{\omega L}{R}))} \cdot \left(e^{j\omega t} - e^{-\frac{t}{\tau}} \right)$$

Die Zeitverläufe der drei Strangströme sind im nachfolgenden Bild dargestellt.

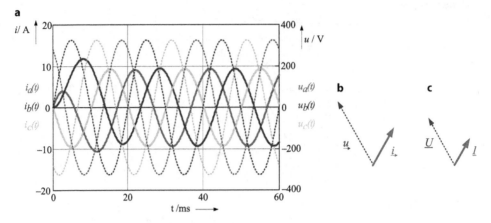

Mit Hilfe der komplexen Wechselstromrechnung erhält man für den eingeschwungenen Zustand den komplexen Effektivwertzeiger:

$$I = \frac{U}{\sqrt{R^2 + (\omega L)^2}} e^{j\left(\gamma_0 - \arctan\left(\frac{\omega L}{R}\right)\right)}$$

Die Raumzeiger für den eingeschwungenen Zustand besitzen die Länge der Amplitude und sind um den Winkel $\varphi = -\arctan\left(\frac{\omega L}{R}\right)$ gegeneinander gedreht. Ähnlich verhalten sich die komplexen Effektivwertzeiger, deren Länge werden aber durch die Effektivwerte vorgegeben.

11.6 Pulswechselrichter

Übungsaufgabe 5.1 Die maximal mögliche Spannung beträgt:

$$\hat{\hat{e}}_{max} = 1{,}15 \cdot E_d = 1{,}15 \cdot \frac{U_d}{2} = 373{,}75\,\text{V}$$

Der Raumzeiger $\underset{\rightarrow}{e}$ wird aus den Raumzeiger $\underset{\rightarrow}{U_1} = \frac{4}{3} \cdot \frac{U_d}{2}$ und $\underset{\rightarrow}{U_2} = \frac{4}{3} \cdot \frac{U_d}{2} \cdot e^{j60°}$ über

$$\underset{\rightarrow}{e} = x \cdot \underset{\rightarrow}{U_1} + y \cdot \underset{\rightarrow}{U_2}$$

gebildet. Daraus erhält man die relativen Einschaltzeiten $x = 0{,}138$ und $y = 0{,}377$. Aus $x + y + z = 1$ wird $z = 0{,}485$ berechnet.

Übungsaufgabe 5.2

a) $\hat{e}_{af} = \frac{4}{\pi}\frac{U_d}{2} = 382\,\text{V}$

b) Der Phasenverschiebungswinkel beträgt: $\varphi = 30°$ (nacheilender Strom)

c) Die Ausgangswirkleistung des Wechselrichters beträgt:

$$P_{WR} = \frac{3}{2}\hat{e}_{af}\hat{i}_a\cos(\varphi) = 248\,\text{kW}$$

d) Zeitverläufe

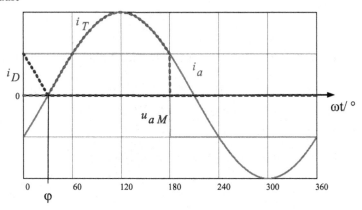

e) Mittel- und Effektivwerte

$$\bar{i}_T = \frac{1}{2\pi}\int_{\varphi}^{\pi}\hat{i}\sin(\omega t - \varphi)d\omega t = \frac{\hat{i}}{2\pi}(1 - \cos(\pi - \varphi)) = 148{,}5\,\text{A}$$

$$I_T = \sqrt{\frac{1}{2\pi}\int_{\varphi}^{\pi}\hat{i}^2\sin^2(\omega t - \varphi)d\omega t} = \hat{i}\sqrt{\frac{2(\pi - \varphi) - \sin(2(\pi - \varphi))}{8\pi}} = 246{,}4\,\text{A}$$

$$\bar{i}_D = \frac{1}{2\pi}\int_{0}^{\varphi}\hat{i}\sin(\omega t - \varphi)d\omega t = \frac{\hat{i}}{2\pi}(1 - \cos(\varphi)) = 10{,}7\,\text{A}$$

$$I_D = \sqrt{\frac{1}{2\pi}\int_{0}^{\varphi}\hat{i}^2\sin^2(\omega t - \varphi)d\omega t} = \hat{i}\sqrt{\frac{2\varphi - \sin(2\varphi)}{8\pi}} = 42{,}5\,\text{A}$$

Verlustleistung in den Leistungshalbleitern:

$$P_{V\,IGBT} = U_{T0}\bar{i}_T + r_T I_T^2 = 296{,}2\,\text{W}$$

$$P_{V\,Diode} = U_{D0}\bar{i}_D + r_D I_D^2 = 14{,}5\,\text{W}$$

f) Wirkungsgrad

$$\eta = \frac{P_{ab}}{P_{ab} + P_{Verluste}} = \frac{P_{WR}}{P_{WR} + 6(P_{V\,IGBT} + P_{V\,Diode})} = 0{,}993 = 99{,}3\,\%$$

g) Sperrschichttemperaturen

$$T_{j\ IGBT} = P_{V\ IGBT} \cdot R_{th\ IGBT} + T_{Wasser} = 79,6\,^{\circ}\mathrm{C}$$

$$T_{j\ Diode} = P_{V\ Diode} \cdot R_{th\ Diode} + T_{Wasser} = 52,2\,^{\circ}\mathrm{C}$$

Übungsaufgabe 5.3 Die Amplitude der Grundschwingungs-Modulationsfunktion berechnet sich aus:

$$\hat{m}_{Soll} = \frac{\hat{u}}{E_d} = \frac{200\,\mathrm{V}}{650\,\mathrm{V}/2} = 0,615$$

Damit und mithilfe des Nullsystems für SmS können die Modulationsfunktionen gebildet werden.

$$m_a(\omega t) = \hat{m}_{Soll} \cdot \cos(\omega t) + m_0(\omega t)$$

$$m_b(\omega t) = \hat{m}_{Soll} \cdot \cos(\omega t - 120^{\circ}) + m_0(\omega t)$$

$$m_c(\omega t) = \hat{m}_{Soll} \cdot \cos(\omega t - 240^{\circ}) + m_0(\omega t)$$

Diese Funktionen sind in dem nachfolgenden Bild dargestellt.

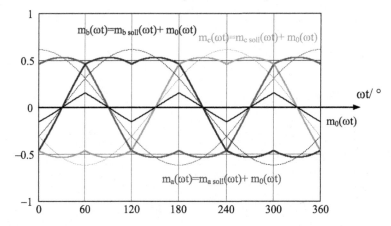

11.7 Asynchronmaschine

Übungsaufgabe 6.1

a) Ersatzschaltbild

Bei elektrischen Maschinen werden immer die Effektivwerte gemessen. Diese können mit dem Faktor $\sqrt{2}$ in Amplitudenwerte umgerechnet werden. Beim Leerlaufversuch wird die unbelastete ASM mit Nennspannung betrieben. Dabei fließt praktisch kein Strom in der Rotormasche. Da hier die aufgenommene Wirkleistung gleich null ist ($P_0 = 0$), muss der Eisenverlustwiderstand unendlich groß ($R_{Fe} \to \infty$) und der Ständerwiderstand gleich null ($R_S = 0$) sein. Im Leerlaufpunkt fließt nur ein Strom durch die Magnetisierungsinuktivität L_μ. Mit

$$L_\mu = \frac{U_{N\,Stern}}{2\pi f_S \cdot I_0} = \frac{400\,\text{V}/\sqrt{3}}{2\pi \cdot 50\,\text{Hz} \cdot 6{,}3\,\text{A}} = 0{,}117\,\text{H}$$

kann die Magnetisierungsinduktivität berechnet werden.

Beim Kurzschlußversuch dreht sich die Maschine nicht. Es wird eine Drehpannung – meist über einen Stelltransformator – an die ASM gelegt. Gemessen wurden $I_K = 15{,}6\,\text{A}$ und ein Leistungsfaktor von $\cos\varphi_K = 0{,}4$ bei einer verketteten Spannung von $50\,\text{V}$. Daraus kann der Ständerstrom im Anlaufpunkt ($n = 0$) bei Nennspannung berechnet werden.

$$\underline{I}_A = I_K \frac{U_N}{U_K} e^{-j\,\arccos(\cos\varphi_K)} = 49{,}9\,\text{A} - j\,114{,}4\,\text{A}$$

Aus der Differenz von Ständer- und Magnetisierungsstrom erhält man den Rotorstrom:

$$\underline{I}_{r\,A} = \underline{I}_A - I_0 e^{-j\cdot\frac{\pi}{2}} = 49{,}9\,\text{A} - j108{,}1\,\text{A}$$

Somit kann die Impedanz der Rotormasche über das ohmsche Gesetz berechnet werden.

$$\underline{Z}_r = \frac{U_{N\,Stern}}{\underline{I}_{r\,A}} = 0{,}813\,\Omega + j1{,}761\,\Omega$$

Für den Rotorwiderstand erhält man den Wert $R_r = 0{,}813\,\Omega$. Aus dem Imaginärteil erhält man die Streuinduktivität $L_\sigma = 5{,}61\,\text{mH}$.

Aus der Nenndrehzahl, die knapp unter $1500\,\text{min}^{-1}$ bei Betrieb mit $50\,\text{Hz}$ liegt kann die Polpaarzahl ermittelt werden.

$$p = 2$$

b) Stromortskurve

Die Stromortskurve kann nach folgendem Schema konstruiert werden:

1. Leerlaufstrom einzeichnen (Strecke $\overline{OL}$) hier ist $\omega_r = 0$.
2. Anlaufstrom einzeichnen (Strecke $\overline{OA}$). In diesem Punkt ist $\omega_r = \omega_S$.
3. Mittelsenkrechte auf der Sehne $\overline{LA}$ konstruieren. Schnittpunkt der Mittelsenkrechten mit imaginären Achse ist der Mittelpunkt M der Stromortskurve.
4. Die Stromortskurve schneidet im Punkt S die imaginäre Achse. In diesem Arbeitspunkt ist $\omega_r = \infty$.
5. Eine Gerade, die durch die Punkte S und A geht, schneidet eine Parallele zur reellen Achse. Dieser Schnittpunkt wird mit ω_s skaliert. Der Schnittpunkt dieser Gerade mit der imaginären Achse wird $\omega_r = 0$ zugeordnet. Diese Gerade kann nun linear mit ω_r-Werte skaliert werden. Für jeden Arbeitspunkt X auf der Stromortskurve kann über die Hilfslinie $\overline{SX}$ die zugehörige Rotorkreisfrequenz abgelesen werden.

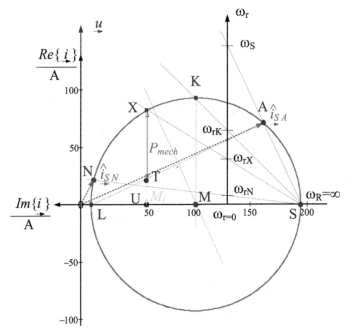

Auswertung der Stromortskuve Der Strommaßstab m_I mit der Einheit $\frac{A}{cm}$ wird so gewählt, dass die Ortskurve in der gewünschten Größe darstellbar ist. Über die Leistungsbeziehung $p(t) = \frac{3}{2} \cdot \left| \underset{\rightarrow}{u} \right| \cdot \left| \underset{\rightarrow}{i} \right| \cdot \cos(\varphi)$ berechnet sich der Leistungsmaßstab $m_P = \frac{3}{2} \cdot \hat{u} \cdot m_I$. Daraus kann der Drehmomentmaßstab $m_M = \frac{m_P}{2\pi n_S}$ mit $n_S = \frac{f}{p}$ berechnet werden.

c) Nennwerte

Die Nennwerte können aus der Stromortskurve abgelesen oder berechnet werden. Zunächst wird der Ständerfluss

$$\hat{\psi}_{\mu N} = \frac{\sqrt{2} \cdot U_N / \sqrt{3}}{2\pi f_S} = 1,04 \, \text{V s}$$

berechnet. Die Rotorkreisfrequenz im Nennpunkt ergibt sich aus $\omega_{rN} = 2\pi f_S - 2\pi p n_N = 16,76 \, \text{Hz}$. Über $\tan \vartheta_N = \frac{\omega_{rN} L_\sigma}{R_r}$ erhält man den Flusswinkel $\vartheta_N = 6,58°$ im Nennpunkt. Mithilfe von

$$\underset{\rightarrow}{i}_{SN} = \frac{\hat{\psi}_\mu}{L_\sigma} \left[\sin \vartheta_N \cdot \cos \vartheta_N - j \left(\frac{L_\sigma}{L_\mu} + \sin^2 \vartheta_N \right) \right]$$

kann der Betrag des Stromraumzeigers $\hat{i}_{SN} = 24 \, \text{A}$ im Nennpunkt berechnet werden. Aus Gleichung

$$M_i = \frac{3}{4} \cdot p \cdot \frac{\hat{\psi}_\mu^2}{L_\sigma} \cdot \sin(2\vartheta)$$

erhält man für das Nennmoment den Wert $M_{iN} = 65,9 \, \text{Nm}$.

Über $P = 2\pi n M_i$ erhält man die mechanische Nennleistung $P_N = 9,8 \, \text{kW}$.

d) Drehzahlkennlinien

Die gesuchten Drehzahlkennlinien können aus der Stromortskurve ermittelt oder mit den vorher verwendeten Gleichungen berechnet werden.

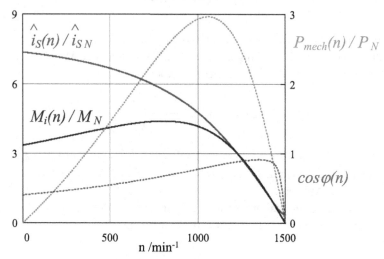

e) Drehmomentkennlinien

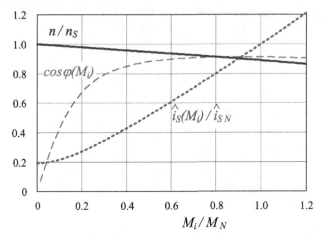

Übungsaufgabe 6.2 Aus den Angaben kann das Nennmoment und die Polpaarzahl der ASM berechnet werden:

$$M_N = \frac{P_N}{2\pi n_N} = 66\,\text{Nm}, \quad p = 2$$

a) Kennlinie des Lüfter Die Kennlinie des Lüfters wird über die folgende Gleichung

$$M_L(n) = \frac{M_N}{n_N^2} \cdot n^2$$

beschrieben und ist im nachfolgendem Bild dargestellt.

b) Kennlinie der ASM Die Drehmoment/Drehzahl-Kennlinie der ASM kann im relevanten Arbeitsbereich als Gerade beschrieben werden:

$$M_{ASM}(n) = \frac{M_N}{n_{SN} - n_N} \left(\frac{f_S}{p} - n \right)$$

Wobei $n_{SN} = 1500\,\text{min}^{-1}$ die synchrone Drehzahl bei $f_S = 50\,\text{Hz}$ ist. Die aktuelle Ständerfrequenz wird dabei mit f_S bezeichnet. Bei Betrieb mit 50 Hz stellt sich der Nennbetriebspunkt der ASM ein.

c) Grundschwingung der Spannung Damit der Fluss in der ASM konstant bleibt, muss die Spannung proportional zur Frequenz verstellt werden.

$$U_{ASM}(f_S) = \frac{f_S}{f_{SN}} \cdot U_N$$

Bei 30 Hz muss die verkettete Spannung $U = 240\,\text{V}$ betragen.

d) Drehzahl und Drehmoment bei 30 Hz Unter diesen Betriebsbedingugen stellt sich eine Drehzahl von $n = 880\,\text{min}^{-1}$ und ein Drehmoment von $M = 24{,}5\,\text{Nm}$ ein. Diese Werte können aus der Kennlinie abgelesen oder aus folgender Gleichung berechnet werden.

$$M_{ASM}(n) = M_L(n) \Rightarrow \frac{M_N}{n_{SN} - n_N}\left(\frac{30\,\text{Hz}}{p} - n\right) = \frac{M_N}{n_N^2} \cdot n^2$$

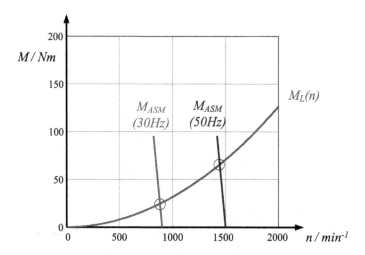

11.8 Synchronmaschine

Übungsaufgabe 7.1 Abbildung 7.3 zeigt die Orientierung der Koordinatensysteme. Mit Gl. 7.1 erfolgt die Umrechnung in das gewünschte Koordinatensystem.

Übungsaufgabe 7.2

a) Die Induktivitäten sind unabhängig von der Rotorlage, entsprechend gilt $L_q = L_d$. Deshalb handelt es sich wahrscheinlich um eine PSM mit aufgeklebten Magneten (SPMSM).

b) Das Nennmoment der PSM berechnet sich aus: $M_i = \frac{3}{2} \cdot p \cdot \psi_{PM} \cdot i_{Sq}$ zu $M_N = 252\,\text{Nm}$.

c) Raumzeigerdiagramm bei f_S = 100 Hz und M_N
   Bei 100 Hz befindet sich der Arbeitspunkt im Spannungsstellbereich
   $\Rightarrow i_{Sd} = 0$.

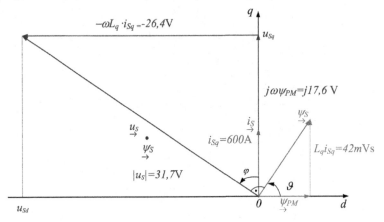

d) Das gesuchte Betriebsdiagramm ist in Abb. 7.8b dargestellt.

Übungsaufgabe 7.3

a) Aus dem Oszillogramm kann die Frequenz f = 100 Hz der Spannung ermittelt werden.
   Aus $n = \frac{f}{p}$ kann mit n = 1500 min^{-1} die Polpaarzahl zu p = 4 bestimmt werden.

b) Aus dem Bild liest man die Amplitude der verketten Spannung ab. $\hat{u}_\triangle$ = 349 V. damit
   ergibt sich eine Amplitude der Polradsapnnung $\hat{u}_P = \frac{\hat{u}_\triangle}{\sqrt{3}}$ = 201 V. Über $\hat{u}_P = 2\pi f \cdot \psi_{PM}$
   erhält man den Wert für ψ_{PM} = 0,32 V s.

c) Mit $M_{iN} = \frac{3}{2} \cdot p \cdot \psi_{PM} \cdot \hat{i}_N$ und $\hat{i}_N = \sqrt{2} I_N$ erhält man das innere Nennmoment M_{iN} =
   59 Nm

11.9   Messtechnik

Übungsaufgabe 8.1   Die Auflösung beträgt näherungsweise:

$$\frac{360°}{2048 \cdot 2^{10}}$$

Übungsaufgabe 8.2   Die Spannungen der sin- und cos-Spule werden mit den cos- und sin-Werten des aktuell gemessenen Winkels φ_M multipliziert und anschließend subtrahiert. Dadurch erhält man ein Fehlersignal, falls der wahre Winkel φ und der gemessene Winkel φ_M nicht übereinstimmen. Dieses Fehlersignal steuert einen spannungsgesteuerten Oszillator (VCO) an, dessen Ausgangsfrequenz von einem Zähler ausgewertet wird. Dadurch wird der aktuelle Messwert dem wahren Wert des Winkels nachgeführt.

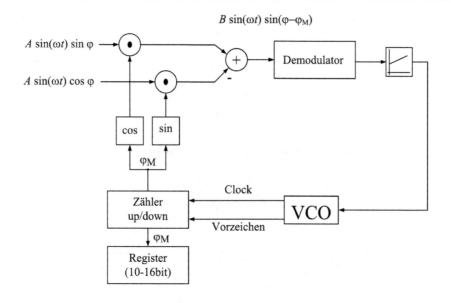

Übungsaufgabe 8.3 Der Strom durch die Hauptinduktivität i_L des Transformators ist stetig. Die Zeitkonstante beträgt:

$$\tau = \frac{L_h}{\frac{R_1 \cdot R_2'}{R_1 + R_2'}} = 50\,\mu s$$

Für $t < T$ berechnet sich der Stromverlauf zu

$$i_L(t) = \frac{U_0}{R_1}\left(1 - e^{-\frac{t}{\tau}}\right)$$

und der Spannungsverlauf zu

$$u_2'(t) = \frac{R_2'}{R_1 + R_2'} \cdot U_0 \cdot e^{-\frac{t}{\tau}}$$

Für $t > T$ ergeben sich folgende Zeitverläufe:

$$i_L(t) = \frac{U_0}{R_1}\left(e^{-\frac{t-T}{\tau}}\right)$$

und

$$u_2'(t) = -\frac{R_2'}{R_1 + R_2'} \cdot U_0 \cdot e^{-\frac{t-T}{\tau}}$$

Die Zeitverläufe sind im folgenden Bild dargestellt.

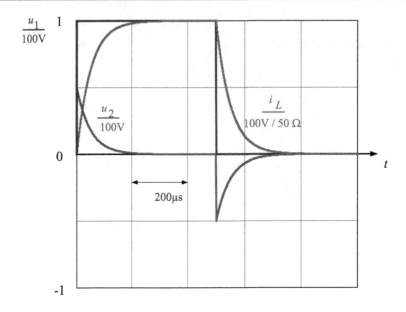

11.10   Drehzahl- und Lageregelung

Übungsaufgabe 9.1

a) Die Übertragungsfunktion des offenen Regelkreis ist im nachfolgendem Bild dargestellt. Die Durchtrittsfrequenz beträgt: $\omega_d = k_O = 2000$ 1/s. Die Übertragungsfunktion
   des geschlossenen Regelkreises lautet: $G_G(s) = \frac{k_O}{k_O+s}$. Der Sollwert ändert sich sprung-
   förmig $X_{soll}(s) = \frac{U_0}{s}$. Damit erhält man den Istwert $X_{ist}(s) = \frac{U_0}{s} \cdot \frac{k_O}{k_O+s}$.
   Diese Laplacetransformierte korrespondiert mit der Zeitfunktion $x_{ist}(t) = U_0 \cdot (1 - e^{-t/\tau})$. Mit $\tau = 1/k_O = 0{,}5$ ms. Diese Zeitfunktion ist im nächsten Bild dargestellt.

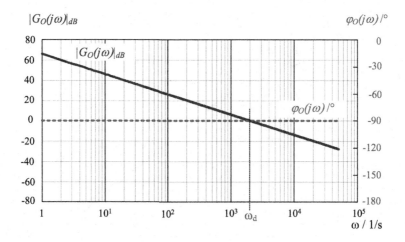

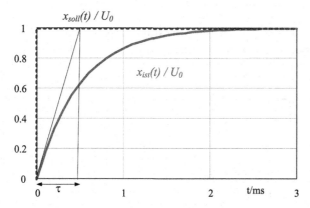

Übungsaufgabe 9.2

a) Aus Gl. 9.20 kann der Verstärkungsfaktor $K_V = \frac{1}{4d^2 T_{ers,n}}$ berechnet werden. Mit $d = 1/\sqrt{2}$ ergibt ein K_V von 25 1/s. Umgerechnet in die gewünschte Einheit erhält man 1,5 $\frac{\text{m/min}}{\text{mm}}$.

b) Im nächsten Bild ist das Bodediagramm des offenen Regelkreises dargestellt. Die Durchtrittfrequenz kann mit $\omega_d = \frac{1}{2T_{ers,n}} = 25$ 1/s berechnet und entsprechend abgelesen werden. Dabei stellt sich eine Phasenreserve von $\varphi_R = 63°$ ein.

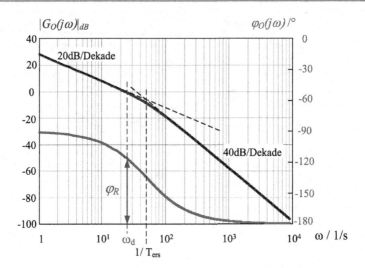

c) Die Sprungantwort ist im folgenden Bild dargestellt. Es ist ein leichtes Überschwingen von 4,3 % zu erkennen. Die Anregelzeit beträgt t_{an} = 4,7 · $T_{ers,n}$ = 94 ms.

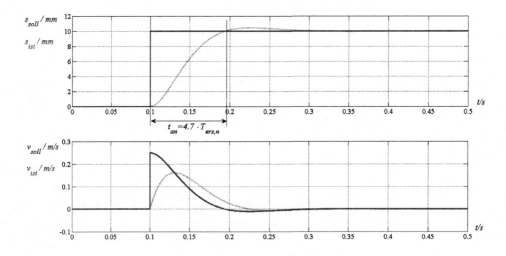

11.11 Direktantriebe

Übungsaufgabe 10.1 Bei einem Strompreis von 0,18 €/kWh betragen die Energiekosten des konventionellen Antriebs 18.857,- €/Jahr und des Direktantriebs 13.453,- €/Jahr.

Die kumulierten Anschaffung und Energiekosten sind im nachfolgendem Bild dargestellt. schon ab einer Nutzungsdauer von 3 Jahren rentiert sich der Einsatz des teureren Direktantriebs.

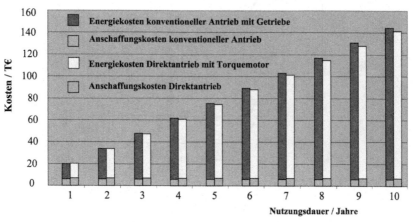

Übungsaufgabe 10.2   Die Antworten a) bis c) können aus dem Diagramm abgelesen werden.

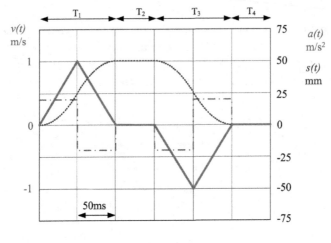

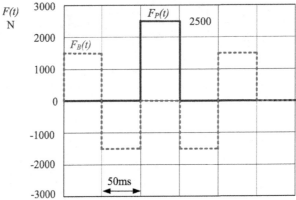

d) Effektivwert der Kraft:

$$F_{eff} = \sqrt{\frac{1}{T_{ges}} \sum_{i=1}^{6} T_i \cdot F_i^2} = 1594\,\text{N} < F_N = 1800\,\text{N}$$

Literatur

Studien zur Energieeffizienz

1. Studie der Energietechnischen Gesellschaft im VDE: *Effizienz- und Einsparpotentiale elektrischer Energie in Deutschland*, VDE, 2008
2. European Commission, Directorate-General for Transport and Energy: *Improving the Penetration of Energy-Efficient Motors and Drives*, SAVE II Programme, 2000

Grundlagen

3. Bronstein, I. N.; Semendjajew, K. A.;. Musiol, G.; Muehlig, H.: *Taschenbuch der Mathematik*, Harri Deutsch; 7. Auflage 2008
4. Hagmann, G.: *Grundlagen der Elektrotechnik*, Aula-Verlag, Wiebelsheim, 7. Auflage 2000
5. Mayr, M.: *Technische Mechanik. Statik-Kinematik-Kinetik-Schwingungen-Festigkeitslehre*, Carl-Hanser Verlag, München Wien, 6. Auflage 2008
6. Unbehauen, H.: *Regelungstechnik I*, Vieweg Verlag, 6. Auflage 1989

Fachbücher

7. Depenbrock, M.; Staudt, V.; Weinhold, M.: *Raumzeiger in der Energietechnik*, Vorlesungsskript des Lehrstuhls Erzeugung und Anwendung Elektrischer Energie der Ruhr-Universität Bochum
8. Fischer, R.: *Elektrische Maschinen*, Carl Hanser Verlag München Wien, 13. Auflage 2006
9. Hameyer, K.: *Elektrische Maschinen 1*, Vorlesungsskript an der RWTH Aachen, 2001
10. Jänicke, M.: *Die Direkte Selbstregelung bei der Anwendung im Traktionsbereich*, VDI Fortschritt-Bericht, Düsseldorf, 1992
11. Kiel, E. (Hrsg.): *Antriebslösungen – Mechatronik für Produktions und Logistik*, Springer-Verlag, 1. Auflage 2007

J. Teigelkötter, *Energieeffiziente elektrische Antriebe*, DOI 10.1007/978-3-8348-2330-4,
© Vieweg+Teubner Verlag | Springer Fachmedien Wiesbaden 2013

12. Klaes, N.: *Identifikationsverfahren für die betriebspunktabhängigen Parameter einer wechselrichtergespeisten Induktionsmaschine*, VDI Fortschritt-Bericht, Düsseldorf, 1992

13. Kovacs, K. P.; Racs, I.: *Transiente Vorgänge in Wechselstrommaschinen*, Verlag der Ungarischen Akademie der Wissenschafften, Bd. I u. Bd. II, Budapest 1959

14. Lappe, R.; Fischer, F.: *Leistungselektronik Messtechnik*, Technik Verlag, 2. Auflage 1993

15. Lutz, J.: *Halbleiter-Leistungselemente*, Springer-Verlag, 1. Auflage 2006

16. Mohan, N.; Undeland, T.; Robbins, W.: *Power Electronics, Converters, Application and Design*, John Wiley 1995

17. Schröder, D.: *Elektrische Antriebe – Grundlagen*, Springer-Verlag, 3. Auflage 2007

18. Schröder, D.: *Elektrische Antriebe – Regelung von Antriebssystemen*, Springer-Verlag, 3. Auflage 2009

19. Schröder, D.: *Leistungselektronische Bauelemente*, Springer-Verlag 2. Auflage 2006

20. Teigelkötter, J.: *Schaltverhalten und Schutzbeschaltungen von Hochleistungshalbleiter*, VDI Fortschritt-Bericht, Düsseldorf, 1996

Fachaufsätze

21. Almeida, A. T.; Ferreira; F. J. T. F.; Fong, J. A. C.: *Standards for Efficiency of Electric Motors*, IEEE Industry Application Magazine, Jan/Feb 2011, S. 12–19

22. Baader, U.: *Hochdynamische Drehmomentregelung einer Asynchronmaschine im ständerflußbezogenen Koordinatensystem*, etz Archiv 11, H. 1, S. 11–16, 1989

23. Depenbrock, M.: *Direkte selbstregelung (DSR) für hochdynamische Drehfeldantriebe mit Stromrichterspeisung*, etz-Archiv, Bd. 7, H. 7, S.211–218, 1985

24. Hiller, B.: *Anwendung von Ferraris-Beschleunigungssensoren in der elektrischen Antriebstechnik*, PCIM 2001

25. Oswald, J.; Maier, T.; Schmitt, D.; Teigelkötter, J.: *Direktantriebe mit permanenterregten Synchronmaschinen*, Elektrisch-mechanische Antriebssysteme, Tagungsband VDE-Verlag 2004, S. 495–509

26. Steimel, A.: *Steuerungsbedingte Unterschiede von wechselrichtergespeisten Traktionsantrieben*, eb-Elektrische Bahnen 92, H. 1/2, S. 24–36, 1994

Normen, Verordnungen und Studien

27. DIN EN 10106 *Kaltgewalztes nicht kornorientiertes Elektroblech und -band im schlussgeglühten Zustand*

28. DIN EN 10107 *Kornorientiertes Elektroblech und -band im schlussgeglühten Zustand*

29. DIN EN 60034-1 (VDE 5030 Teil 1) *Drehende elektrische Maschinen, Teil 1: Bemessung und Betriebsverhalten*

30. DIN EN 60034-2 (VDE 5030 Teil 2) *Drehende elektrische Maschinen, Teil 2: Verfahren zur Bestimmung der Verluste und des Wirkungsgrades von drehenden elektrischen Maschinen aus Prüfungen (ausgenommen Maschinen für Schienen und Straßenzeuge)*

31. DIN EN 60034-30 (VDE 5030 Teil 30) *Drehende elektrische Maschinen, Teil 30: Effizienzklassen*

32. DIN ICE 60034-31(VDE 5030 Teil 31, Entwurf) *Leitfaden zur Auswahl und Anwendung von Energie-Sparmotoren – einschließlich ihrer Anwendung in Drehzahlstellantrieben*

33. DIN EN 60300 (Teil 3-3 2004) *Zuverlässigkeitsmanagement Anwendungsleitfaden – Lebenszykluskosten*

34. VDMA Einheitblatt 341160 (2006) *Prognosemodell für die Lebenszykluskosten von Maschinen und Anlagen*

35. Verordnung(EG) Nr. 640/2009 *Anforderungen an die umweltgerechte Gestaltung von Elektromotoren*

Firmeninformationen

36. Niederinduktive Messwiderstände
    http://www.hilo-test.de/index.php?shunts

37. Stromwandler mit hoher Grenzfrequenz
    http://www.pearsonelectronics.com/

38. Rogowski-Spulen mit hoher Grenzfrequenz
    http://www.pemuk.com/

39. Integrierte Schaltkreise zur Resolver Auswertung
    http://www.analog.com

40. Winkel und Längen-Messgeräte
    http://www.heidenhain.de/

41. Winkel und Längen-Messgeräte
    http://www.sick.de/

42. Winkel und Längen-Messgeräte
    http://www.baumer.com/

43. Drehmomentmesstechnik
    http://www.hbm.com/de/menu/anwendungen/drehmoment-messen/

Sachverzeichnis

Printed in the United States
By Bookmasters